PROF. DR. OLIVER POTT
MIT JAN BARGFREDE

RAUS AUS DEM STUNDENLOHN

NIE WIEDER FÜR ANDERE ARBEITEN UND LEBENSZEIT VERKAUFEN

FBV

Bibliografische Information der Deutschen Nationalbibliothek
Die Deutsche Nationalbibliothek verzeichnet diese Publikation in der Deutschen Nationalbibliografie. Detaillierte bibliografische Daten sind im Internet über http://dnb.d-nb.de abrufbar.

Für Fragen und Anregungen
info@finanzbuchverlag.de

3. Auflage 2021

Türkenstraße 89
D-80799 München
Tel.: 089 651285-0
Fax: 089 652096

Lektorat: Renate Oettinger
Korrektorat: Caroline Kazianka
Umschlaggestaltung: Karina Braun
Umschlagabbildung: Leremy/shutterstock.com
Satz: abavo GmbH
Druck: CPI books GmbH, Leck
Printed in Germany

ISBN Print 978-3-95972-424-1
ISBN E-Book (PDF) 978-3-96092-795-2
ISBN E-Book (EPUB, Mobi) 978-3-96092-796-9

PROF. DR. OLIVER POTT
MIT JAN BARGFREDE

RAUS AUS DEM STUNDENLOHN

Inhalt

1.

Wenn Sie nicht für Ihre eigenen Ziele arbeiten, arbeiten Sie automatisch für die Ziele anderer

Der Chef der Firma fährt morgens mit einem nagelneuen Sportwagen vor der Firma vor. »Hey, Chef, toller Wagen!«, ruft einer der Mitarbeiter. Der Chef hält inne, geht ein paar Schritte auf den Mitarbeiter zu, schaut ihn freundlich lächelnd an und sagt: »Wissen Sie was, wenn Sie das ganze Jahr sehr fleißig und erfolgreich arbeiten, dann … kann ich mir am Ende des Jahres noch so einen Sportwagen kaufen.«

Diese Anekdote zeigt: Wenn Sie nicht selbst für Ihre eigenen Ziele arbeiten, arbeiten Sie automatisch für die Ziele anderer – zum Beispiel die Ihres Chefs. Sie verkaufen Ihre Lebenszeit gegen einen (im Idealfall akzeptablen) Stundenlohn an andere. Dann ist Ihr Job sicher, und Sie beziehen einen soliden Monatslohn bis zum Renteneintritt.

Aber ist das wirklich so? Sichere Jobs auf Lebenszeit gibt es nicht mehr; wer sich nur von seinem Arbeitgeber abhängig macht (und damit von nur einem Einkommensstrom), hat ein Problem.

DAX-Konzerne zum Beispiel haben über Generationen hinweg Menschen versorgt. Wer einen Lufthansa-Job hatte, war gesichert bis zur Rente. Das ist heute nicht mehr so: Im Juni 2020 gibt Lufthansa bekannt, 26 000 Jobs streichen zu wollen. Auch andere Unternehmen, für

Angestellte bisher sichere Felsen in wirtschaftlich stürmischen Zeiten, entlassen ihre Mitarbeiter in Massen: Die Telekom entlässt 40 000 Mitarbeiter, Volkswagen, der größte Konzern Deutschlands, 23 000.[1]

Und das sind nur die ganz großen DAX-Konzerne – in den weiten Teilen prekärer Branchen, so zum Beispiel im Hotel- und Gaststättengewerbe, sieht es wesentlich desaströser aus.

In Zeiten des digitalen Wandels, in dem Deutschland der Welt hinterherhinkt, und in schwierigen wirtschaftlichen Verhältnissen ist derjenige abgehängt, der sein eigenes und das Wohl der eigenen Familie von seinem Arbeitgeber abhängig macht. Es heißt daher auch im Beamtendeutsch für Angestellte: »Abhängige Beschäftigung« – und leider trifft es das ziemlich genau: Sie sind abhängig.

Selbst wer 20 Jahre treu und ergeben seinem Arbeitgeber Lebenszeit geopfert hat, Überstunden erbracht und auf wertvolle Freizeit verzichtet hat, steht von heute auf morgen abgeschoben und arbeitslos vor plötzlichen Problemen.

Diese Beispiele zeigen: Es ist einseitig und gefährlich, ausschließlich auf eine abhängige Beschäftigung zu setzen. Sie sind es sich selbst und Ihrer Familie schuldig, Ihre wirtschaftliche Existenz auf mehr als einem Standbein aufzubauen. Wer wirklich sicher sein möchte, muss als Ziel haben, nie wieder Lebenszeit 1 : 1 gegen Stundenlohn einzutauschen.

Erst dann sind Sie unabhängig und frei – und wenn einer von vier oder fünf Einkommensströmen versiegt, gibt es halt noch drei oder vier andere.

Eine gute Idee kann mehr wert sein als ein ganzes Leben harter Arbeit

Am Anfang aber steht die Frage: Was sind Ihre Leidenschaften und Lebensziele – und warum? Denn Ihre eigenen guten Ideen können viel mehr wert sein als ein ganzes Leben voller Stundenlohn und harter Arbeit.

Deutschland ist ziemlich arm an Rohstoffen – und ist dennoch eines der reichsten Länder der Erde.

Wie kommt das? Viel wertvoller als Rohstoffe sind die Ideen: Daher heißt unser Zeitalter eben »Wissenszeitalter« oder »Informationszeitalter«. Menschen zahlen am meisten für Wissen, Informationen und Ideen: Die wertvollsten Unternehmen der Welt sind heute Microsoft, Facebook und Google.

Und keine dieser Firmen hat riesige Fabriken, Grundstücke, Zugriff auf Rohstoffe, veredelt Stahl oder Öl oder stellt physische Produkte her: Die wertvollsten Unternehmen der Welt sind immateriell und auf der Basis reiner Ideen gegründet.

Weil aber Ideen jedem zur Verfügung stehen, hat das die Möglichkeiten, ein eigenes Business auf die Beine zu stellen, auch in Deutschland deutlich demokratisiert. Es geht heute nur darum, seine eigenen Ideen und vor allem seine Leidenschaft, die in jedem Menschen steckt, freizulegen. Es ist kein Stahlwerk mehr nötig, um den eigenen Visionen zu folgen und der eigenen gestalterischen Kraft Ausdruck zu verleihen.

Was sind denn die Alternativen zum Stundenlohn?

Was könnten Sie tun, um auf der Basis einer guten Idee der Stundenlohn-Falle zu entkommen? Sie könnten sich mit der eigenen Idee selbstständig machen und werden damit zu Ihrem eigenen Arbeitgeber. Immerhin: Wenn Sie klein starten und zum Beispiel zu Beginn nur zehn Kunden haben und einer davon Ihnen wegbricht, bleiben Ihnen 90 Prozent Ihres Einkommens erhalten.

Diesen Weg gehen die meisten, die sich selbstständig machen – denn es liegt doch auf der Hand: Wer vorher angestellter Arzt im Krankenhaus war, lässt sich in der eigenen Praxis nieder; wer gegen Stundenlohn im festen Arbeitsverhältnis als Grafiker beschäftigt war, macht sich ebenso als »Solopreneur«, Einzel-Selbstständiger also, unabhängig. Und wer vorher Restaurantfachkraft war zum Mindestlohn oder Koch, gründet eben sein eigenes Restaurant.

Allerdings hat auch dieser klassische Weg der Selbstständigkeit seine Tücken: Meist arbeiten Selbstständige viel länger und härter als Angestellte und schaffen es kaum, sich eine gute Finanzrücklage für schlechte Zeiten aufzubauen. Wer also als Selbstständiger 60 statt 37,5 Stunden pro Woche arbeitet und am Ende des Monats nur ein bisschen mehr verdient als der Angestellte, steckt ebenso in der Stundenlohn-Falle.

Viel wesentlicher sind aber zwei zentrale Nachteile, die Sie als Selbstständiger haben:

1. Wenn Sie sich selbstständig machen, geben Sie die Vorteile des festen Arbeitsverhältnisses auf. Die gibt es durchaus: Planbares Einkommen, Urlaub, Arbeitslosen- und Rentenversicherung – das ist ein attraktives Pauschalpaket!
2. Sie brauchen für die allermeisten Gründungen Eigenkapital oder müssen sich verschulden: Ein Restaurant zu gründen kostet nun mal 100 000 Euro, und auch Freiberufler wie Innenarchitekten oder Grafiker brauchen halbwegs repräsentative Büroräume – von Mitarbeitern mal ganz zu schweigen.

Der »unperfekte Selfmade-Job« auf der Basis Ihrer größten Leidenschaft löst das Problem

Das Beste beider Welten – die der Angestellten und die der Selbstständigen – verklammert dieses Buch miteinander. Und das ist zugleich die Idee dieses Buchs: Bauen Sie sich Ihr eigenes »unperfektes Business« auf, das wir auch den »Selfmade-Job« nennen:

1. Das unperfekte Business ist wie eine Banane: Es kommt noch grün, unausgereift also, zum Kunden und reift dann dort. So können Sie auf kleiner Flamme testen, ob Ihre Idee tragfähig ist. Das klingt

unprofessionell? Die wirklich großen Unternehmen sind genau so entstanden: Das erste Daimler-Auto blieb ständig liegen, Microsofts Windows machte sich in den Anfangszeiten zum Gespött durch regelmäßige Abstürze – und die ersten iPhone-Handykameras waren für ernsthafte Fotos viel zu pixelig. Dennoch wurden aus ihnen die erfolgreichsten Konzerne der Welt.

2. Das unperfekte Business verbindet Ihre größte Leidenschaft mit Geld. Dazu nehmen Sie Ihre angenehmste Freizeitbeschäftigung, zum Beispiel das Reiten, und erweitern sie um einen Nebenerwerb, zum Beispiel eine Reitschule oder Pferdetherapie für Manager.
3. Das unperfekte Business ist risikofern: Sie brauchen für den Start kaum Eigenkapital; im Idealfall starten Sie mit einem digitalen Business. Das könnte eine Online-Version Ihrer Reitschule sein oder eine Pferdetherapie-App.
4. Sie können Ihr eigenes unperfektes Business zunächst risikoavers ausprobieren, ohne Ihren fixen Job zu kündigen – zum Beispiel in der Zeit, in der Sie abends Ihre Zeit mit Netflix verbringen. Wenn es funktioniert, kann daraus etwas wirklich Großes werden. Frühestens dann ist die Zeit gekommen, das feste Arbeitsverhältnis und damit den Stundenlohn an den Nagel zu hängen.

Aber ist der Aufbau eines eigenen Business nicht sehr aufwendig, so aufwendig wie beispielsweise der Bau eines Kreuzfahrtschiffes?

Ein Kreuzfahrtschiff wird durch Megawerften, große Unternehmen also mit Tausenden von Mitarbeitern, entwickelt und gebaut und ist der Inbegriff von Perfektion und Luxus. Jahrelange Planung geht dem noch viel länger dauernden Bau voraus, bis das Schiff endlich schwimmt. Nicht zu vergessen: Der Bau eines solchen Ozeanriesen kostet Millionen von Euros. So planen und denken Großkonzerne ihre Produkte.

Ihr unperfekter Selfmade-Job ist dagegen mit dem Bau eines selbst hergestellten Freizeitkanus zu vergleichen: Ihr Mini-Boot trägt kaum mehr als eine Handvoll Passagiere und auch das eher schlecht als recht; es wirkt insgesamt lächerlich im Vergleich zum Kreuzfahrtschiff.

Scheint das Kreuzfahrtschiff Ihrem Kanu in fast allen Belangen überlegen, so hat Ihr Kanu doch einige Vorteile:

Ihr äußerst simpel konstruiertes Schiff kann innerhalb kürzester Zeit gebaut werden und seinen Stapellauf erleben: Es schwimmt sofort, ganz ohne Ingenieure! Die Schwimmfähigkeit können Sie bereits nach ein paar Tagen erproben, ebenso wie die Möglichkeit, damit ein oder zwei Passagiere oder Waren übers Meer zu transportieren. Komplizierte Berechnungen wie für die Konstruktion eines Kreuzfahrtschiffs gibt es nicht, und der Bau ist dazu risikofrei und kostet nur etwas Freizeit in den Abendstunden und ein wenig Baumaterial. Die Gesamtkosten? Nicht mehr als für ein Abendessen in einem schicken Restaurant.

Nur bei Erfolg bauen Sie Ihr Kanu dann Stück für Stück aus, machen es tragfähiger, luxuriöser und beständiger gegen die stürmische See. Und wenn es nicht schwimmt? Dann haben Sie sich solide Kenntnisse über den Bootsbau angeeignet und bauen sich eben ein neues Kanu.

Ganz ähnlich sollten Sie Ihr eigenes Selfmade-Miniatur-Business denken.

Fallbeispiel 1: vom angestellten Pressechef zum Solo-Unternehmer

Joschi Haunsperger arbeitete über 20 Jahre als angestellter Pressesprecher einer mittelständischen Klinikkette mit über 3000 Beschäftigten und bezog dort ein solides, gutes Gehalt.

Im Laufe der Zeit merkte er jedoch, dass er als angestellter Pressesprecher, wenngleich er in leitender Position tätig war, kaum eigene Entscheidungen treffen konnte, und begann, sich unfrei zu fühlen.

Und so reifte sein Entschluss, sich zunächst nebenher im Internet selbstständig zu machen und dort seine ersten Selfmade-Job-Gehversuche zu unternehmen, ohne auf den sicheren Hafen des Klinik-Jobs zu verzichten.

Aufgrund dieser Erfahrungen schuf sich Joschi Haunsperger Stück für Stück ein zweites Standbein im Internet, das ihm nicht nur Spaß machte, sondern ihm monatlich gutes Geld einbrachte.

Vor einigen Jahren war es dann so weit, und er hat seinen Traum verwirklicht: Den festen Job hat Joschi Haunsperger nach 20 Jahren Festanstellung an den Nagel gehängt, denn sein Selfmade-Job trug sich mittlerweile sehr gut.
Heute ist er Seminarveranstalter des Online-Marketing-Kongresses, kurz OMKO. Diese Live-Veranstaltung findet jährlich mit 500 Teilnehmern im außergewöhnlichen Ambiente des »Oldtimer-Hotels« in Ingolstadt statt, und rund um diese Veranstaltung hat er sich ein ganzes Produktuniversum, vieles davon digital, geschaffen.

Fallbeispiel 2: von der fest angestellten Kosmetikerin zur Unternehmerin

Dass es auch Erfolgsgeschichten im großen Maßstab gibt, zeigt das Beispiel von Huda Kattan, die einen festen Job als Kosmetikerin bei Revlon hatte. Dabei gelang es ihr, berühmte Persönlichkeiten zu ihren Kunden zu machen. Etwas später setzte sie auf den Rat ihrer Schwester hin einen Online-Kurs auf und gab dort Schminktipps sowie Tutorials.
Auf der Basis dieses »Nebenjobs« gründete Huda Kattan dann ihre eigene kleine Produktlinie und vertrieb diese zunächst nur an ihre Tutorial-Kunden.
Was dann folgte, ist eine Märchengeschichte: Ihre Produktlinie »Sephora« ist mittlerweile ein Konzern. 2019 hatte Kattan ein Vermögen von über 600 Millionen Dollar erreicht. Bei Instagram hat sie 2020 rund 47,7 Millionen Menschen mit ihrem Kanal »Huda Beauty« erreichen können.[2]
Selbstverständlich ist diese Erfolgsstory ein Ausnahmefall, aber sie zeigt, was aus einer kleinen Nebentätigkeit heraus entstehen kann.

Wertbasiert statt zeitbasiert: Dann sind Sie raus aus der Stundenlohn-Falle!

Damit das unperfekte Business funktioniert, muss das Buch zunächst den Widerspruch zwischen zeit- und wertbasiertem Arbeiten auflösen; das ist ein wesentlicher Inhalt dieses Buchs.

Wer das nicht versteht, bleibt ewig in der Stundenlohn-Falle stecken, in der er Zeit 1 : 1 gegen Geld eintauscht. Hier ein Beispiel: Einen nagelneuen Golf kaufen Sie als »Komplettpaket« zum Beispiel für 28 000 Euro. Das wäre wertbasiert – wenn Sie den Wagen für diesen Preis kaufen, ist er es Ihnen wert.

Kein Autohersteller käme ernsthaft auf die Idee, auf die Rechnung zu schreiben: 12 000 Euro Lohn für Fließbandarbeiter zum Zusammenbauen, 3000 Euro Lohn für Konstruktionsingenieur, 3000 Euro Verkäuferprovision, 10 000 Euro Bauteile – macht in Summe 28 000 Euro Autokaufpreis.

Genau diesen Fehler machen Angestellte und auch Selbstständige, wenn sie an ihren Stundenlohn ein Preisetikett anheften: »40 Euro für 1 Stunde Physiotherapie« oder »90 Euro Stundenhonorar als Ehetherapeut«. Das wäre zeitbasiertes Arbeiten.

Besser wäre: »Komplettpaket Rückenschmerzfrei: 5000 Euro«. Oder: »Premium-All-Inclusive: Endlich wieder glücklich als Paar: 12 000 Euro«. Hier zahlt der Kunde nicht für die Zeit, sondern für den reinen Wert.

Menschen zahlen am Ende immer nur den Wert: Drei Stunden Physiotherapie, die von Rückenschmerzen befreien, hinterlassen schließlich einen viel zufriedeneren Kunden als 15 Stunden Therapie, die den Rückenschmerz aber nicht beseitigen. Dass Sie als Anbieter im ersten Fall drei Mal und im zweiten Fall fünf Mal mehr Zeit einbringen, ist dem Kunden ebenso egal wie die Frage, ob der Zusammenbau des Golfs im obigen Beispiel 200 Arbeitsstunden durch einen Fließbandarbeiter benötigt hat – oder ob es ein Montageroboter in nur fünf Stunden geschafft hat: Der Kunde zahlt für das fertige Ergebnis.

Diesen Fehler im System, zeit- und nicht wertbasiert abzurechnen, müssen Sie zunächst für sich beheben, denn nur dann entkommen Sie der Stundenlohn-Falle und haben zufriedene Kunden.

Dann trennen Sie Ihre Stundenarbeit vom Wert für die Kunden. Dieser Punkt ist eines der Schwerpunktthemen dieses Buchs.

Angestellte sind unglücklich, Selbstständige sind glücklich

Sind Angestellte in der Summe wirklich unglücklicher als Selbstständige? In Kurzform: Ja, das lässt sich tatsächlich statistisch feststellen.

Hier zunächst einige Zahlen zu Ihrer Orientierung – und übrigens auch zu Ihrer Selbsteinschätzung:

- 30 Prozent der Haushalte in Deutschland können maximal wenige Wochen und Monate allein mithilfe ihres vorhandenen Vermögens finanziell überbrücken, ohne staatliche Hilfen in Anspruch zu nehmen.[3]
- 36 Prozent der Arbeitnehmer in Deutschland bilden keine Rücklagen und brauchen ihr Gehalt immer innerhalb eines Monats auf.[4]
- In dieser Gruppe gibt mehr als jeder Fünfte an, dass sich Geldsorgen auf die berufliche Leistung auswirken.[5]
- Fast jeder Vierte litt zudem in den vergangenen zwei Jahren unter Stress, Angstzuständen oder Depressionen.[6]
- Während im Einkommensbereich bis circa 2200 Euro die Angestellten zahlenmäßig und in Relation zu ihrer Verteilung dominieren, sind in der Einkommensklasse darüber die Selbstständigen häufiger anzutreffen. Selbstständige verdienen also im Schnitt besser als Angestellte.[7]
- Knapp die Hälfte aller Festangestellten in Deutschland kann sich grundsätzlich vorstellen, als Freiberufler zu arbeiten.[8]
- Freelancer sind im Schnitt glücklicher als Angestellte.[9]

Die Sache ist also statistisch eindeutig: Selbstständige sind im Durchschnitt glücklicher als Angestellte. Das verwundert nach den bisherigen Ausführungen kaum. Zudem verdienen sie im Schnitt besser als Angestellte und können mehr Rücklagen schaffen. Diese beiden Faktoren bedingen sich sicherlich gegenseitig, und es ist erkennbar, dass viele Selbstständige ihr Potenzial in der Nutzung der verschiedenen Erfolgsfaktoren des unperfekten Business noch gar nicht optimiert haben – und sogar zu deutlich besseren Ergebnissen gelangen können. Auch darum geht es in diesem Buch.

Allerdings: Es wird auch deutlich, dass die Bandbreite der Gehälter bei Selbstständigen deutlich weiter gefasst werden muss; es besteht also durchaus die Gefahr, schlechter zu verdienen als im Angestelltenjob. Dennoch gilt im Schnitt: Wer ein eher geringes, aber dafür sicheres Einkommen sucht, der ist als Angestellter besser dran.

Wer aber ein höheres Einkommen, mehr Freiheit bei der Gestaltung seines Berufslebens und mehr Freude an der Arbeit sucht, der kann über die ersten Schritte in die Selbstständigkeit nachdenken: Die Prinzipien des unperfekten Business verbinden das Beste aus beiden Welten.

Selfmade-Job: Ist das rechtlich überhaupt zulässig?

Dürfen Sie denn neben Ihrer Festanstellung überhaupt einen Selfmade-Job aufbauen? Und muss dem nicht Ihr Arbeitgeber zustimmen? Nein, muss er nicht.

Friedrich Meyer, Fachanwalt und Professor für Arbeitsrecht in Paderborn, erklärt: »Wenn nichts dazu im Arbeitsvertrag steht, gibt es nur zwei Einschränkungen: Ich darf nicht für die Konkurrenz arbeiten, und der Nebenjob darf keine negativen Auswirkungen auf den Hauptberuf haben.«

In manchen Arbeitsverträgen gibt es jedoch einen Passus über Nebentätigkeiten. Arbeitsrechtler Meyer führt aus: »Manchmal sogar ein Verbot, aber das ist unwirksam. Es geht den Arbeitgeber nämlich nichts an, was ich in meiner Freizeit mache.«[10]

2.

Wofür Sie der Markt wirklich bezahlt, ist nicht Ihre Arbeitszeit

Deutschland ist arm an Rohstoffen. Und die wenigen Rohstoffe, die es hierzulande gibt – jedenfalls wenn »Rohstoff« klassisch als Industrierohstoff definiert ist –, sind nicht sonderlich begehrt. Deutschland konnte mit dem Ruhrgebiet ab 1850 bis ungefähr in die 1960er-Jahre erfolgreich in der industriellen Revolution und dem folgenden Industriezeitalter mitmischen und auch nach dem Zweiten Weltkrieg mit Kohle und Stahl ein Wirtschaftswunder entfachen.

Aber diese Güter und die Wirtschaftsunternehmen, die an ihnen hängen, sind heute in keiner guten Verfassung mehr: Stahl produzieren heute andere Länder viel günstiger, und Kohle bekommt zunehmend das Image des Klimakillers.

Auffällig ist, dass Deutschland und einige andere Staaten wie Japan oder die Schweiz, die ähnlich aufgestellt sind, trotzdem sehr gute Wirtschaftskenngrößen aufweisen und zu den reichsten Ländern der Welt gehören. Das liegt daran, dass die Industrie und Rohstoffe, die auf Zügen und Lkw transportiert werden, heute immer weniger bestimmend sind für den wirtschaftlichen Erfolg. Im Zeitalter der Informationstechnologien gelten andere, flüchtigere Rohstoffe als wichtigster Grundstoff des Wachstums: Ideen.

Ideen sind schon immer zeitlos gewesen, denn auch die Industrieimperien der alten Zeit bauten nicht zuletzt auf unternehmerischen Entscheidungen, Innovationen und Verbesserungen auf. Daher ist es auch keine Renaissance der Ideen, die das Informationszeitalter antreibt, sondern eigentlich die konsequente Zuspitzung der Überzeugung, dass eine gute Idee, die umgesetzt wird, alles andere schlagen kann.

Weil aber Ideen jedem zur Verfügung stehen, hat das die Möglichkeiten, ein eigenes Business auf die Beine zu stellen, auch in Deutschland deutlich demokratisiert. Es geht heute nur darum, seine eigenen Ideen und Kreativität freizulegen. Es ist kein Stahlwerk mehr nötig, um Visionen zu folgen und der eigenen gestalterischen Kraft Ausdruck zu verleihen.

Vier Wege, den eigenen Lebensunterhalt zu verdienen

Es gibt im Wesentlichen vier Wege, für seinen Lebensunterhalt zu sorgen, die als Arbeit oder als Modelle des Gelderwerbs bezeichnet werden: Selbstständigkeit, ein Angestelltendasein, Unternehmertum sowie ein Leben als Investor.

Daneben gibt es noch andere, teilweise sogar recht attraktiv wirkende Möglichkeiten, genug Geld zur Verfügung zu haben, um das eigene Überleben zu sichern: Ein Leben als Erbe einer wohlhabenden Familie, ein Dasein als Fußballergattin mit Mode-Label im Nebenerwerb oder der kleine Selbstversorgerhof in der selbst gewählten Enklave gehören vielleicht dazu. Aber weil die vier erstgenannten den Großteil der Lebensmodelle ausmachen, betrachten wir nur diese. Und weil es einen Erfolg in einem der anderen Bereiche braucht, um Investor zu werden, lassen wir auch diesen erst einmal außen vor.

Es bleiben folglich drei Modelle übrig: Arbeiten als Angestellter, Selbstständiger und Unternehmer. Was unterscheidet diese Modelle, worin liegen die Vor- und Nachteile, und auf welchen Achsen können diese strukturell unterschieden werden?

Die erste Achse: Angestellte arbeiten in den allermeisten Fällen in irgendeiner Form zeitbasiert. Das bedeutet, dass in ihrem Arbeitsvertrag mit der Firma, bei der sie angestellt sind, ein Stundenlohn fixiert wurde. Das hat Vorteile – und ein paar Nachteile. Oft werden in einem Angestelltenverhältnis eine Arbeitszeit und eine Summe vereinbart, die am Ende des Monats auf das Konto des Angestellten überwiesen wird. Das Bruttomonatsgehalt von Verkäuferinnen und Verkäufern im Einzelhandel beträgt beispielsweise auf Basis einer 38-Stunden-Woche ohne Sonderzahlungen in Deutschland durchschnittlich 1890 Euro.[11]

Bei 38 Stunden pro Woche hat ein Arbeitstag 7,6 Stunden. Zudem werden im Durchschnitt 21 Arbeitstage für einen Monat gerechnet, also hier 159,6 Stunden im Monat gearbeitet. 1890 Euro brutto dividiert durch 159,6 Stunden ergibt einen Stundenlohn von 11,84 Euro.

Der mittlere Monatsverdienst dieser Verkäuferin beträgt also 1890 Euro, selbst wenn sie ihren Job überdurchschnittlich liebt oder sie sich überdurchschnittlich engagiert. Das ergibt im Jahr 22 680 Euro und bei den durchschnittlichen 42 Erwerbsjahren in Deutschland dann 952 560 Euro Lebensverdienst. Selbst wenn die Verkäuferin den Selbstversorgerhof hat und alles spart, wird sie so niemals im Leben 1 Million Euro mit Erwerbsarbeit verdienen.

Weiterhin steht dann im Arbeitsvertrag vermutlich, welche Aufgaben der oder die Angestellte für dieses Geld in der genannten Zeit zu verrichten hat. Das ist genau der Punkt, an dem der Arbeitgeber dem Arbeitnehmer vorgibt, welche Ziele er zu verfolgen hat. Das bedeutet also: In der Zeit, die ein Angestellter im Betrieb verbringt, wird er bezahlt (be»lohn«t), die eigenen Ziele für 7,6 Stunden ein wenig zurückzustellen und dafür dann die Ziele der Firma oder des Chefs zu verfolgen.

Natürlich gibt es Traumjobs, in denen Angestellte auch den eigenen Zielen nachgehen können, und es gibt Angestellte, die sich die Ziele ihrer Firma zu eigen machen. Aber das ist nicht der grundsätzliche Deal und muss es ausdrücklich auch nicht sein. Angestellte können hochwertig arbeiten, ohne ihre eigenen Ziele dabei zu verfolgen. Das erfordert höchstens Disziplin: Ein angestellter Handwerker beispielsweise wird in hoher Qualität seinem Handwerk nachgehen.

Doch es ist längst nicht alles kritisch oder gar schlecht am Angestelltendasein. Einem Angestellten werden unter Umständen Überstunden vergütet oder ein 13. Monatsgehalt gezahlt, bei manchen Unternehmen sogar eine Prämie, wenn das Geschäftsjahr für die Firma besonders gut lief.

Porsche hat beispielsweise seinen Mitarbeitern im Jahr 2018 eine sogenannte »freiwillige Sonderzahlung« in Höhe von 9700 Euro brutto gezahlt, weil Porsche so gut Autos gebaut und verkauft hatte.

Zudem hat der Arbeitnehmer in Deutschland Anrecht auf eine anteilige Übernahme der Sozialbeiträge durch den Arbeitgeber, auf Urlaubstage und notwendige Arbeitsmittel, Schutzausrüstung und Überstundenausgleich. Wenn Angestellte krank werden, dann zahlt die Firma den Lohn weiter – und wenn sie das nach einer bestimmten Zeit nicht mehr tun muss, dann übernimmt sogar der Staat noch einen Teil dieser Zahlungen.

Alle nun genannten angenehmen Begleiterscheinungen sind nur ein kleiner Teil des übergeordneten Deals, dass Angestellte nur zu einem geringen Teil das betriebswirtschaftliche Risiko der Unternehmung tragen, für die sie arbeiten, was ein großer Vorteil dieser Rolle im Berufsleben ist: Eine Wirtschaftskrise etwa betrifft zuerst die Firma oder den Unternehmer, während der Arbeitnehmer tatsächlich eine Weile geschützt ist, zum Beispiel durch Kündigungsfristen oder Kurzarbeitsregelungen, bei denen der Staat einen Teil der Bezüge zahlt.

Auch wenn Porsche mal schlechter Autos verkauft, wird der Lohn der Angestellten nicht automatisch reduziert – die Prämie mag wegfallen und einige mögen um ihren Job bangen, aber sicher nicht in jeder kleinen Rezession. Gleichzeitig wird dem Angestellten das Arbeitsverhältnis als sogenannter »abhängig Angestellter« auch dadurch versüßt, dass ein Kündigungsschutz selbst dann vor der unmittelbaren wirtschaftlichen Schwierigkeit schützt, wenn der Unternehmer und seine Firma in wirtschaftliche Schieflage geraten, was jederzeit geschehen kann – verschuldet oder unverschuldet.

Der Stundenlohn und die weiteren Sicherheiten sind dabei recht fest verankert. So kann weder der Arbeitgeber einfach den Lohn reduzieren, wenn der Arbeitnehmer mal nachweislich oder gefühlt langsamer gearbeitet hat oder die Verkäufe der Firma schwächeln, noch kann der Arbeitnehmer einen Zuwachs seiner Produktivität einfach in einen höheren Stundenlohn ummünzen. Angestellte Ärzte etwa, die einen Facharzttitel führen, müssen regelmäßig Fortbildungen besuchen und dort »Punkte« sammeln, nur damit sie ihre Facharztbezeichnung weiterhin führen dürfen. Bekommen sie deshalb, auch bei steigender Expertise, mehr Gehalt von ihrem Chef? Meistens nicht.

Angestellte führen in der Summe ein relativ risikoloses Leben, von dessen Parametern viele Selbstständige träumen: ein kalkulierbares, festes Einkommen; eventuelle Schwankungen der Wirtschaftssituation des Unternehmens berühren zunächst nicht das Haushaltseinkommen der Angestellten, und auch persönliche Risiken werden im Sozialstaat mit seinen sehr arbeitnehmerfreundlichen Rechten gut abgefedert. Dafür ist die Rendite für den Arbeitnehmer in Bezug auf Lohn und die Erreichung eigener Ziele aber zumeist ziemlich gedeckelt.

Angestellte, so könnte man es zuspitzen, verkaufen ihrer Firma oder ihrem Chef ihre Lebenszeit zu einem festgelegten Kurs, der dafür auch in guten wie in schlechten Zeiten nicht erheblich an den Unternehmenserfolg gebunden ist.

Angestellte arbeiten zeitbasiert. Und sie arbeiten zugleich für die Ziele anderer. Dieser Deal ist für beide Seiten ein Geben-und-Nehmen-Geschäft und, sofern sich beide Seiten sich dabei fair behandelt fühlen, nicht im Geringsten zu beanstanden.

Unternehmen sammeln Wissen in ihren Mitarbeitern

Viele Menschen empfinden es als Erleichterung, nach 17:00 Uhr nicht mehr an die Ziele ihrer Arbeit denken zu müssen. Sie finden dennoch Anerkennung für ihr in die Arbeit eingebrachtes Wissen. Und gleichzeitig hat dieses Verhältnis auch für die meisten Firmen große Vorteile, denn Angestellte sind in aller Regel Spezialisten in ihrem Fach. Sie haben sich lange mit einer speziellen Funktion im Unternehmen auseinandergesetzt: mit Controlling, Buchhaltung oder Produktion, als Fachverkäuferin oder Fachspezialist.

Damit gelingt es den Firmen, die fluiden Rohstoffe Ideen, Wissen und Engagement im Unternehmen zu binden.

Angestellte, die eine Weile in einem Job arbeiten, im Unternehmen vielleicht bereits ihre Ausbildung abgeschlossen haben und über Berufserfahrung verfügen, haben in aller Regel in ihrem Beruf sehr viel Fachkenntnisse erworben.

Wer sich nur hinreichend lange mit einer Sache beschäftigt, erreicht dort unausweichlich eine gewisse Expertise. Nicht jeder mag zur Meisterschaft in diesem Bereich gelangen, aber wenn sich Leidenschaft und längerfristige Auseinandersetzung mit einem Thema kombinieren, dann wird der, der in dieser Materie zu Hause ist, zu einem Spezialisten.

Angestellte können ihre persönliche Situation jedoch immer reflektieren: Ermöglicht die Bindung ihres Wissens an das Unternehmen, dieses Wissen gleichzeitig mit ihrer Leidenschaft und ihrer persönlichen Entwicklung so zu koppeln, dass es ihnen die Verwirklichung ihrer Ziele im beruflichen Umfeld erlaubt? Bietet ihnen also ihr Job die Bühne ihrer Leidenschaft? Wer das für sich bejahen kann, ist auch im Festangestelltenverhältnis zufrieden und glücklich.

Dabei muss im Übrigen in einem Angestelltenjob genauso wenig wie in einer Selbstständigkeit Leidenschaft eine größere Rolle spielen – viele Angestellte sind zufrieden in ihrem Beruf, ohne eine allzu große Leidenschaft empfinden zu müssen.

Neben Zeit bringen Angestellte laut Arbeitsvertrag ein mehr oder minder explizit vertraglich bestimmtes Wissen in das Angestelltenverhältnis ein. Leidenschaft steht dafür selten im Vertrag, nicht einmal im Kleingedruckten. Daher sind grundsätzlich zwei Szenarien möglich, wie sich die Leidenschaft zum Job verhält: Das erste denkbare Szenario ist, dass Angestellte ihren Job ausüben, obwohl er nicht ihrer Leidenschaft entspricht oder sogar eine Form der Selbstverwirklichung bedeuten würde. Das ist eine ernste Sache: Rechnen Sie acht Stunden Schlaf und acht Stunden Job, so haben Angestellte, die das für sich feststellen müssen, bereits zwei Drittel des Tages mit Dingen verbracht, die der Firma und dem eigenen Auskommen dienen, aber nicht der eigenen Leidenschaft eine größere Bühne bieten würden.

Die verbleibenden acht Stunden müssen dann auch mit dem verbleibenden Elan gefüllt werden, was oft eine Herausforderung darstellt. Wer das kann, beispielsweise in seinem Hobby abseits des Jobs völlig aufgeht und in diesem Hobby seine Leidenschaft auslebt, kann einen Konsens aus Job und Selbstverwirklichung finden und zufrieden sein.

Das zweite Szenario ist, dass Angestellte in ihrem Job ihr Spezialistenwissen einbringen und dabei auch noch ihrer persönlichen Leidenschaft frönen können. Ihr Wissen ist dann ebenso eine Ressource, auf die das Unternehmen gerne zurückgreift: Schließlich ist Wissen der Motor für den wirtschaftlichen Erfolg jeder Unternehmung.

Doch auch hier sollten Angestellte hinterfragen, welche Rolle sie in diesem Tauschgeschäft spielen.

Um das zu verstehen, sollten wir uns anschauen, wie ein Unternehmen in der Marktwirtschaft Geld verdient: Es kauft Rohstoffe ein – zum Beispiel grundlegende Stoffe wie Öl, Stahl oder Kunststoffgranulat oder das Spezialistenwissen der Angestellten –, und diese werden dann durch verschiedene Prozesse veredelt und mit einer aufgeschlagenen Marge wieder verkauft. »Wertschöpfungskette« heißt dieses Prinzip; entlang dieser Kette entsteht ein Gewinn für das Unternehmen. Grundsätzlich geschieht das also auch mit dem Wissen der Mitarbeiter, das zur Veredelung der Rohstoffe beiträgt.

Die Expertise mancher Mitarbeiter mag sich erst in der Zusammenarbeit im Unternehmen marktfähig zeigen – was nützt Buchhaltung, wenn es nichts zu buchen gibt –, aber grundsätzlich wird das Wissen jedes Angestellten von der Firma gewinnbringend verkauft oder mindestens in einen Prozess überführt, der den Gewinn der Firma ermöglicht oder gar wachsen lässt.

Der Kern Ihres Wissens ist auch ohne das Unternehmen wertvoll

Wenn es gelingt, den Kern des eigenen Wissens aus dieser Wertschöpfungskette herauszulösen, dann gehört dieses Wissen Ihnen persönlich – und nicht länger dem Unternehmen, das Sie beschäftigt. Ihr Wissen gehört Ihnen höchstpersönlich: Wenn Ihnen Ihr Arbeitgeber kündigt, dann müssen Sie Ihren Firmenwagen und Ihren Schreibtisch zurücklassen; Ihr Wissen aber nehmen Sie mit. Wenn Ihnen im Lauf Ihres Arbeitnehmerdaseins Ihr Arbeitgeber zum Beispiel eine Fortbildung zum »Microsoft Certified Systems Engineer« (MCSE) bezahlt hat, dann bleiben Ihnen dieses Zertifikat und Ihr damit erworbenes Wissen höchstpersönlich erhalten.

Dieses Wissen ist nicht nur höchstpersönlich und damit Ihr Wertgegenstand, sondern es ist auch beweglich, fluide also. Ein Beispiel: Controlling ist eine wichtige Funktion in vielen Unternehmen. Es ist für den Produktivprozess des Unternehmens zunächst nicht offensichtlich notwendig und kostet erst einmal selbst Geld. Es »rechnet« sich erst, wenn es hilft, Prozesse im Unternehmen zu analysieren und Verbesserungspotenziale rechnerisch nachzuweisen, die die Kosten des Controllings mehr als refinanzieren. Diese Prozesse leitet das Controlling dann üblicherweise auch noch nicht einmal selbst ein, sondern gibt sie an das Unternehmen oder den Unternehmer weiter. Ohne die Firma hängt Controlling vollkommen im luftleeren Raum. Es ist nicht intuitiv, dieses Wissen selbst am freien Markt anzubieten, ohne ein anderes Unternehmen und eine Anstellung mitzudenken.

Kern von Controlling – und Wissenskern der zuständigen Personen – ist aber vielleicht neben vielen anderen, dass sie Prozess- und Kostenoptimierung verstanden haben.

Controller haben Instrumente, um Problemstellen in Kostenstrukturen aufzudecken, Potenziale freizulegen und effiziente Prozesse möglich zu machen. Aber diese Kompetenz ist keineswegs an dieses Unternehmen gebunden, sondern kann vielen Unternehmen, sogar Solo-Selbstständigen und vielleicht noch Privatpersonen, helfen, wenn sie auf grundlegendes Wissen zurückgeführt und beispielsweise zu einem Grundprinzip wirtschaftlichen Handelns erhoben wird.

Ein Ansatz, daraus eine Selbstständigkeit zu entwickeln, könnte also sein, Interessierten, die von der Expertise zum Thema Controlling profitieren wollen, Wege aufzuzeigen, selbst solche Methoden anzuwenden. Gründern im Rahmen einer Selbstständigkeit etwa könnte es helfen, sich mit Themen wie Umsatzrendite und laufenden Kosten intensiver zu beschäftigen.

Risiko und Rendite halten einander bei der Hand

Ein geringes Risiko geht aus wirtschaftswissenschaftlicher Sicht grundsätzlich einher mit der Aussicht auf eine geringere Rendite – Ausnahmen bestätigen die Regel. Und wer ein höheres Risiko eingehen möchte, wird mit einer höheren Rendite belohnt: Wenn Sie ein Sparbuch haben, dann gibt es gegenwärtig darauf eine Renditeerwartung von 0 Euro – oder Sie zahlen sogar Strafzinsen, die als »Verwahrentgelt« getarnt werden.

Andere Anlageformen haben da deutlich bessere Gewinnmöglichkeiten. Wenn Sie beispielsweise in Aktien eines Unternehmens investieren, können Sie deutlich mehr Rendite erreichen – aber durchaus auch Geld verlieren. Je nachdem, ob das Unternehmen erfolgreich wirtschaftet, seine Aktien im Wert steigen oder die nächste Krise Ihnen die Laune vermiest, profitieren Sie von der Firma oder leiden mit derjenigen, deren Aktien Sie halten. Dafür kann man bei dividendenstarken deutschen Aktien durchaus mit einer Dividendenrendite von 6 Prozent rechnen. Es sei denn, die Firma verhebt sich vielleicht gerade in dem Zeitraum, in dem Sie Aktien kaufen, an einem Wirtschaftsskandal um Unkrautvernichter, Abgase oder andere Dinge, die Sie als Anleger nicht beeinflussen können; und eben das ist das Risiko, das dann mit der möglichen Rendite steigt.

Staatsanleihen der Bundesrepublik Deutschland haben in der Vergangenheit eine hohe Sicherheit gewährleistet, dabei aber eine geringe und in den zurückliegenden Jahren immer niedriger werdende Rendite versprochen. Sie waren interessant für sicherheitsbewusste Anleger. Als Geheimtipp unter risikofreudigeren Anlegern galt im Vergleich etwa Argentinien, wo attraktive Zinsen bei hohem Risiko lockten, aber auch mehrere Staatspleiten und damit weitreichende Verluste von Geld der Anleihenbesitzer allein in den vergangenen 20 Jahren immer wieder die Anleger enttäuschten.

Was wäre wohl die Renditeaussicht, wenn Ihnen das Unternehmen ganz gehörte? Als Selbstständiger und als Unternehmer kann genau das der Fall sein: Dann gehört der Gewinn des Unternehmens dem Besitzer des Unternehmens. Schnell wird klar, dass hier dann die Renditemöglichkeiten ungleich höher und sogar ungedeckelt sind. Aber auch das erkauft sich der Inhaber mit dem Risiko, komplett an den Unternehmenserfolg gebunden zu sein, bis hin zur persönlichen Insolvenz: Wo kein Deckel, da auch kein doppelter Boden.

Angestellte halten sich aus diesen Spielen um Risiko und Rendite raus: Ihr Risiko ist niedrig, die Rendite stabil.

Der Schritt vom Angestelltendasein in die Selbstständigkeit ändert also diese Parameter wesentlich: Das eigene Risiko steigt. Die Eröffnung eines Friseursalons oder der Kauf eines Bratwurstwagens als Auftakt einer Selbstständigkeit benötigen ein Investment von einigen 10 000 Euro, der Gewinn pro Produkt oder Dienstleistung ist bei beiden jedoch gering und der Verkaufserfolg keinesfalls garantiert.

Für die Rendite muss der Selbstständige selbst einstehen, denn die bloße Anwesenheit und Bereitschaft, jemandem die Haare zu schneiden, nützt dem selbstständigen Friseur gar nichts, wenn niemand kommt, während der angestellte Friseur genau diesen Zustand noch eine Weile mit Gelassenheit überstehen kann.

Also ändert sich auch das Verhältnis zur Rendite bei diesem Schritt in die Selbstständigkeit. Und was sich ebenfalls ändert, ist das Verhältnis zum zeitbasierten Arbeiten, denn es bedeutet nicht mehr automatisch Einkünfte.

Endlich selbstständig – aber wirklich selbst und ständig?

Einer unserer Kunden betrieb als selbstständiger Therapeut eine gut laufende Praxis für Paartherapie. Er konnte sich schnell einen Namen machen und viele, auch prominente, Paare beraten. Das machte ihm eine ganze Weile sehr viel Freude, konnte er doch dank des sozialen Status seiner Kunden und der hohen Nachfrage im Umfeld seiner Branche außerordentlich hohe Honorare von bis zu 650 Euro pro Stunde durchsetzen.

Dennoch war der Praxisinhaber unzufrieden. Vielleicht argumentieren Sie:

»Mit 650 Euro pro Stunde wäre ich auf jeden Fall zufrieden. Warum ist er unzufrieden angesichts dieses hohen Stundenlohns?«

Viele Therapeuten erreichen diese Stundenlöhne niemals. Sie verkaufen ihre Dienstleistungen mühsam für viel weniger Geld. Darin liegt eine gewisse Ungerechtigkeit, denn diese Stundenlöhne sind zwar höher als jene der angestellten Kassiererin, aber damit werden auch alle Risiken abgegolten: Wenn die Stunden der Beratung nicht regelmäßig in der Woche von verschiedenen Kunden gebucht werden, wenn der Anbieter krank ist oder wenn seine Klienten gerade vielleicht aufgrund einer Wirtschaftskrise andere Schwerpunkte als die eigene Gesundung oder Weiterentwicklung, die Rettung ihrer Ehe oder persönliche Herausforderungen setzen, dann fallen diese Stundenlöhne weg – ohne Netz und doppelten Boden.

Außerdem trägt der Selbstständige zusätzlich noch die Kosten, die sonst der Arbeitgeber zu einem guten Teil übernimmt: Krankenkasse, Rentenversicherung und bezahlten Urlaub.

Ein Selbstständiger bezahlt seinen Urlaub in der Regel zweimal: einmal an den Reiseveranstalter und dann durch Honorarausfälle.

Um überhaupt in den Bereich der höheren Rendite zu gelangen, müssen Sie den Wert Ihrer Arbeit höher ansetzen können, was nicht einfach in der Umsetzung ist. Wenn Sie sich auf dem freien Markt gegen Ihre Konkurrenz durchsetzen müssen, stellt sich folgende Frage:

Was verlangen andere für eine ähnliche Dienstleistung oder ein vergleichbares Produkt? Und dann geschieht das, was sogar den übermäßig erfolgreichen Therapeuten aus unserem Beispiel zweifeln ließ: Er gelangte an eine gläserne Decke seines Business. Andere Therapeuten verlangten vielleicht für eine Stunde nur 75 Euro, aber er war besser, er war bekannt und wurde empfohlen. Dennoch war irgendwann Schluss mit der Steigerung des Stundenhonorars. Er konnte – gemessen am Stundenlohn – nicht erfolgreicher werden und tauschte dennoch Lebenszeit gegen Stundenlohn ein. Das ist übrigens etwas, was viele Selbstständige nachempfinden mögen, allerdings oft mit deutlich niedrigeren Honoraren in der Gleichung.

Im Ergebnis arbeiten diese Selbstständigen oft mehr und härter, um auf einen angemessenen Monatslohn zu kommen und die Waage auszugleichen.

Ein sinnvoller Lösungsansatz lautet, nicht länger in Stunden abzurechnen, sondern in Werten.

Zeitbasiert versus wertbasiert arbeiten

Als freiberufliche Experten werden selbstständige Unternehmensberater beispielsweise bezahlt, um eine Firma oder eine Einzelperson bei der Erreichung bestimmter Ziele zu unterstützen. Dieser Satz ist beim ersten Lesen wahrscheinlich für fast jeden Selbstständigen folgerichtig. Aber was man dabei leicht übersieht, ist die Tatsache, dass das in der Regel gar nicht so geschieht. Vielmehr werden Selbstständige normalerweise nach Zeit gebucht, obwohl sie Ergebnisse erzielen sollen. Tages- und Stundensätze für Experten gelten in der Branche als üblich – aber wohl die wenigsten haben je einen »Ergebnissatz« bei ihren Kunden verlangt.

Diese Tatsache ist in dem Umstand begründet, dass Menschen allgemein daran gewöhnt sind, Arbeit nach Zeit zu bemessen. Zum einen, weil sie selbst einst Angestellte waren oder es noch sind, zum anderen, weil auch vieles andere so bemessen wird: Eine Stunde Ponyreiten für die Kinder kostet 30 Euro, zwei Wochen Gran Canaria 499 Euro und eine Therapiestunde eben 70 Euro.

Diesen Mechanismus kennen Sie auch noch viel kleinteiliger: Eine Mechanikerstunde bei einer Markenwerkstatt wird in »Arbeitswerten« (AW) abgerechnet, wobei etwa bei BMW ein AW fünf Minuten dauert und bei Volkswagen eine ZE (Zeiteinheit) 36 Sekunden (100 ZE sind eine Stunde).

Aber niemand bringt sein Auto in die Werkstatt, damit der Mechaniker Zeiteinheiten seines Lebens daran verbringt, sondern damit es repariert wird. Die Kunden wären dennoch stark irritiert, wenn die Rechnung nicht folgendermaßen lauten würde:

> Reparatur Getriebe: Arbeitslohn: 30 AW = 367,50 Euro
> (AW = 12,25 Euro), zzgl. Ersatzteile

Sondern vielmehr:

> Getriebe erfolgreich repariert = 367,50 Euro.
> Es hat gedauert, so lange es eben gedauert hat.

Dieses Zeit-Wert-Paradoxon, also die Tatsache, dass Menschen lieber für Zeit bezahlen als für den Wert der Arbeit, fällt vielen Selbstständigen in den Rücken, und das Durchbrechen dieser Logik, das auch manchmal gegen Widerstände der Kunden und eigene Denkfehler geschieht, ist ein wesentlicher Schlüssel, erfolgreich als Selbstständiger zu sein. Und als Urmodell weist es den Weg, um nie mehr seine Lebenszeit an jemand anderen zu verkaufen.

Die höchste Wertschöpfung erreichen Sie, wenn Sie den Wert Ihrer Arbeit herausstellen und nicht die aufgewendete Zeit

Wenn wir vom wertbasierten gegenüber dem zeitbasierten Arbeiten sprechen, ist die Frage legitim: Was ist eigentlich der angemessene Wert Ihrer Arbeit? Und auf dem Weg zur Beantwortung dieser Frage: Was ist eigentlich überhaupt »Wert«?

9,50 Euro, zeitbasiert gezahlt für eine Stunde Arbeit, sind schnell erklärt: Es ist der Preis für eine Stunde Arbeit mancher Berufsgruppen und damit ihr Stundenlohn. Aber welchen Wert müssen sie dafür erbringen? Welchen Wert müssen sie für 1000 Euro erbringen und wie können sie gegebenenfalls den Wert pro Zeiteinheit und den Preis ihrer Arbeit steigern?

Im allgemeinen Sprachgebrauch werden Wert und Preis allzu voreilig synonym verwendet: »Das Fahrrad hat einen Wert von 1000 Euro« bedeutet nichts anderes, als dass auch dieses Preisschild daran hängt. Wenn Ihnen das noch nicht ganz einleuchtend ist, dann lassen Sie sich das Fahrrad klauen und melden den Schaden der Versicherung. Diese fragt dann nach dem Neubeschaffungswert. Dann sind Wert und Preis zumindest sprachlich deckungsgleich.

Die Wirtschaftswissenschaften sehen das jedoch anders: Hier ist der Preis definiert als Tauschwert verschiedener Waren und Güter zwischen zwei Marktteilnehmern, übersetzt in Geld. Ein Kunde ist aus subjektiven Betrachtungen heraus bereit, 1000 Euro für dieses Fahrrad zu zahlen; er hält den Preis für angemessen. Er entscheidet: »Das ist es mir wert!«

Das gilt aus wirtschaftswissenschaftlicher Sicht nur begrenzt: Der Wert ist aus der Sicht der Wirtschaftswissenschaften die sogenannte »aggregierte« Vorstellung verschiedener Marktteilnehmer vom Tauschwert einer Ware oder eines Gutes. Das ist interessant, weil der Preis damit eben eher als subjektive Einschätzung betrachtet werden kann, während der Wert eher etwas Intersubjektives, also durchaus Messbares ist.

So gilt der Wert den Wirtschaftswissenschaften als objektivierter Preis. Diese Vorstellung stammt dabei im Übrigen von Karl Marx, der den Wert vor allem in der gesellschaftlichen Arbeit begründet sah, die zur Erstellung eines Wirtschaftsgutes notwendig war.

Spätestens wenn das Fahrrad im Herbst für 50 Prozent seines Neupreises beim Händler verkauft wird, weil vorher kein Kunde bereit war, die 1000 Euro zu zahlen, ist klar, dass der Preis und diese Vorstellung des Wertes wenig miteinander zu tun haben: Hat sich der Wert des Fahrrads für Sie wirklich halbiert?

Es ist für Sie dann ungerecht, wenn auch der Preis Ihrer eigenen Arbeit in einem solchen Missverhältnis zur Wertschöpfung steht.

Dann werden 9,50 Euro als Stundenlohn einer Kassiererin im Supermarkt eben als unangemessen betrachtet: Der Betrachter hat den Eindruck, dass das einerseits relativ wenig Geld für die geleistete Arbeit ist. Aber andererseits bekommt kaum jemand mehr – und was würde mit den Preisen im Supermarkt passieren, wenn alle Kassiererinnen den doppelten Stundenlohn bekämen? Von diesem einfachen Beispiel lässt sich die Idee vom »Wert der Arbeit« eben leicht auf verschiedene andere Berufsgruppen ausweiten.

Gerade Experten wie Anwälte, Ärzte und ähnliche Berufsgruppen können ein Lied von diesem seltsamen Verhältnis zwischen Preis und Wert ihrer Arbeit singen.

Ein Anwalt ruft nach zehn Jahren Berufspraxis beispielsweise 500 Euro für eine 30-minütige Rechtsberatung, ein juristisch wasserfestes Schreiben oder einen gerichtlichen Termin auf. Wenn man ihn dabei auf der Ebene der Zeit für seinen Preis betrachtet, dann ist der Stundenlohn unfassbar hoch: 1000 Euro.

Aber wird dieser Anwalt tatsächlich für die 30 Minuten seiner gekonnt und routiniert ausgeführten, akuten Tätigkeit bezahlt, oder wird er nicht vielmehr für die jahrelange Auseinandersetzung mit dieser Thematik entlohnt? Werden Ärzte in ihrem Stundenlohn angemessen entlohnt für die bis vor einigen Jahren noch häufig kostenlos zu erbringende Zeit des sogenannten »Arztes im Praktikum«, in der Ärzte oft 60 Wochenstunden arbeiten und mit Glück Kost und Logis im Krankenhaus ihrer Wahl dafür erhalten – eine Zeit, die sie nur deswegen verrichten, weil sie eine vage Aussicht auf spätere Entlohnung als Arzt durch diese Zeit trägt? Und musste der Anwalt nicht ein zehnsemestriges Studium unbezahlt durchstehen, während die Kassiererin viel früher in ein bezahltes Arbeitsverhältnis einsteigen konnte?

Womöglich bekommen Ärzte und Anwälte vor diesem Hintergrund also einen schlechten Stundenlohn – zumindest ist er geringer, als der Augenschein es nahelegt.

Was also ist der Wert der Arbeit? Fragt man nur nach dem Verwendungszweck eines Gutes oder einer Ware oder Dienstleistung, dann lassen sich verschiedene Werte ableiten, die einen ganz unterschiedlichen Fokus auf den Wert zulassen. So unterscheiden die Wirtschaftswissenschaften zwischen Tauschwert und Gebrauchswert.

Der Tauschwert ist dabei viel näher an einer im allgemeinen Sprachgebrauch aufzufindenden Nähe von Wert und Preis: Bei einem Tausch (einem Handel) wird geschaut, welche Zahlungen für eine Ware geleistet werden sollten. So entstehen Preise: Der Supermarkt versucht, den Liter No-Name-Mineralwasser für 1 Euro zu verkaufen, und stellt fest, dass seine Kunden nicht bereit sind, diesen zu zahlen. Also senkt er den Preis. Mineralwasser lässt sich selten für stark abweichende Preise gegenüber den Wettbewerbern verkaufen, auch wenn die Marke oder weitere sekundäre Eigenschaften manchmal ein wenig daran ändern können.

Bei anderen Produkten entstehen aber interessanterweise deutliche Preisunterschiede: 1 Liter eines günstigen Speiseöls kostet 0,89 Euro, während 1 Liter eines hochwertigen, kalt gepressten Olivenöls feinster Herkunft gerne 40 Euro kosten darf. Beide Öle lassen sich aber ähnlich verwenden.

Aus Sicht des Verwendungszwecks betrachtet sind beide sich ähnlich, vom Tauschwert her keineswegs. Offensichtlich spielen hier weitere Faktoren hinein, die teilweise von der reinen Verwendung des Wirtschaftsgutes loszulösen sind. Sowohl das billige Speiseöl als auch das edle Olivenöl können genutzt werden, um einen Salat damit anzumachen. Im Tauschwert einer möglichen primären Verwendung rechtfertigt kaum etwas den deutlichen Preisunterschied.

Dem Olivenöl werden jedoch weitere Attribute zugeschrieben. So wird sein besonderer Geschmack ebenso herausgestellt wie seine gesundheitsfördernde Wirkung. Zudem beköstigt vielleicht ein Gastgeber seine Gäste lieber mit einer erlesenen Zutat, die ihn als Kenner der Materie und generösen Koch auszeichnet, als mit dem Produkt eines Discounters: für die Gäste nur das Beste.

Diese Parameter sind jedoch zu großen Teilen nicht mehr im Tauschwert des Produktes verankert, sondern im Gebrauchswert und hängen damit unmittelbar mit der Frage zusammen, welche Zwecke der Käufer und Konsument mit dem Produkt verfolgt. Aus einer sehr objektiven Einschätzung des Produktes wird eine deutlich subjektivere Nutzung zum zentralen Moment der Wertfindung erhoben.

Es lässt sich eine Parallele beim Verkauf von Expertise erkennen: Eine Stunde eines Gespräches mit einer ausgewiesenen Coaching-Koryphäe kann das illustrieren. So wird Coaching von außen beispielsweise oft als erstrebenswertes Business betrachtet, da gute Stundenlöhne verlangt werden können. Manch Außenstehender sagt dann: Das scheint sehr lukrativ, ein wenig mit seinen Kunden sprechen und dafür 1000 Euro pro Stunde verlangen. Das trauen sich Menschen zu und streben in die Branche der Coaches.

Jedoch werden Coaches nur selten für den Tauschwert dieser einen Stunde Gesprächs entlohnt; sondern sie werden ausschließlich für den versprochenen Gebrauchswert dieser einen Stunde und für den Nutzen, den der Kunde sich hieraus verspricht, entlohnt.

Coaching ist damit im Übrigen ein gutes Beispiel für Preise, die einer beeindruckend weiten Spanne unterliegen.

Ein Zugang zur Erklärung dieses Effekts liegt eben im Gebrauchswert. Dieser hängt unmittelbar am Nutzen. Der Nutzen beschreibt den Grad der Bedürfnisbefriedigung, die durch ein Produkt für den Konsumenten erreicht wird. Und das beschreibt es doch ganz gut: Ein Kunde ist deutlich eher bereit, für ein Produkt einen höheren Preis zu zahlen, wenn dieses Produkt seine Bedürfnisbefriedigung möglichst optimal gewährleistet, wenn dieses mehr Probleme oder mindestens ein Problem besser für ihn löst. Das kann beim hochwertigen Olivenöl viel eher der Fall sein als beim billigen Speiseöl; und die Bedürfnisbefriedigung kann bei einem Top-Coach mit großem Namen viel höher sein als bei einem Coach, der gerade am Anfang seiner Karriere steht.

Als dritte Definition des Wertes über den Verwendungszweck eines Gutes kennen die Wirtschaftswissenschaften dann noch den Entscheidungswert. Dieser wird beschrieben als eine theoretische Bemessung des möglichen Preises, zu dem eine Kauf- oder Verkaufsentscheidung hypothetisch noch fällt. Er lässt sich damit auch als maximal erzielbarer Preis, als sogenannter Grenzpreis, darstellen. Dieser ist aufseiten des Käufers abhängig vom erwarteten Risiko und vom Nutzen, den der Käufer bei diesem Tausch unterstellt. Der Entscheidungswert eines Produktes ist also am höchsten, wenn sich der Kunde davon eine ideale Bedürfnisbefriedigung verspricht. Oder: Der Preis für ein Produkt oder eine Dienstleistung darf besonders hoch sein, wenn es ein möglichst dringendes Problem Ihres Kunden möglichst ideal löst.

In unserem einfachen Beispiel hängt daran die Frage: Wie hoch darf die Kassiererin bei den nächsten Gehaltsverhandlungen oder beim Vorstellungsgespräch pokern, wenn sie den Wert ihrer Arbeit ins Verhältnis zum Stundenlohn setzt?

Und im zweiten Beispiel: Wie teuer darf ein Coach seine Beratung und sein Wissen im spezifischen Marktumfeld machen, um dennoch zu verkaufen? Was wäre dem Kunden wohl das Produkt wert?

Eine halbe Stunde Reanimation eines ausgebildeten Mediziners, die den Patienten am Leben erhält beziehungsweise wieder zurück ins Leben bringt, ist schlichtweg unbezahlbar für diesen Patienten. Die Krankenkasse kennt vermutlich einen Preis, der reanimierte Patient kann den Wert gar nicht hoch genug schätzen.

In der Verbindung dieser drei Verwendungszwecke eines Gutes, die unmittelbaren Einfluss auf verschiedene Wertdefinitionen nehmen, lässt sich der Wert eines Gutes damit in einem ersten Schritt wie folgt beschreiben:

Der Wert Ihrer Arbeit muss sich an drei Stellen messen lassen, die unterschiedlich gut durch Sie beeinflusst werden können.
Erstens vom individuellen Nutzwert, den Ihre Arbeit für Ihren Tauschpartner bietet.
Zweitens muss sich der Wert Ihrer Arbeit daran messen lassen, wie viel Ihr Gegenüber maximal dafür im Tausch zu geben bereit oder in der Lage ist.
Und drittens – und da bauen die drei verschiedenen Definitionen aufeinander auf – muss sich der Wert Ihrer Arbeit schlussendlich am Preis messen lassen, den Sie für diesen Wert aufrufen und den jemand dafür bereit ist zu zahlen.

Die schlechte Nachricht: Für die Kassiererin an der Kasse bedeutet das vermutlich eine deutliche Einschränkung des wirtschaftswissenschaftlichen Wertes ihrer Arbeit.

Zu den Tätigkeiten einer Kassiererin sind vermutlich viele Menschen in der Lage – nicht zuletzt ist das ein gängiger Ausbildungsberuf. Ein Filialleiter eines Discounters kann es sich daher leisten, einen recht niedrigen Maximalpreis für den Wert der Arbeit der Kassiererin festzulegen und mit ihr einen Stundenlohn-Deal festzuzurren: Eine Stunde ihrer Arbeit wird mit 9,50 Euro entlohnt. Dann bestimmt der Preis dieser einen Stunde nahezu unauflösbar den Wert der Arbeit, und der Verhandlungsspielraum ist gering. Wenn die Kassiererin versucht, einen deutlich höheren Wert ihrer Arbeit als Preis durch den Stundenlohn widergespiegelt zu sehen, dann wird sie damit scheitern, und der Tauschhandel wird nicht mehr zustande kommen.

Die Fähigkeit, die Tätigkeiten einer Kassiererin auszuüben, eine gewisse Expertise anzubieten oder mit einer Dienstleistung Kundenprobleme zu lösen, ist für Sie als Anbieter oder potenzieller Anbieter dieser Ware oder Dienstleistung eine Ressource Ihres noch zu gründenden Selfmade-Jobs – oder bereits Ihrer Anstellung oder Selbstständigkeit.

Die sechs wertbasierten Chancen des VRIO-Modells

In der Konsequenz muss Ihr Produkt oder Ihre Dienstleistung auf die Werthaltigkeit gegenüber dem Markt geprüft werden. Wie das teure Olivenöl müssen Sie deshalb aus dieser Ressource oder Fähigkeit einen Wettbewerbsvorteil machen. Dabei sollten Sie idealerweise auch darauf schauen, dass Sie für Ihre Kunden ein möglichst stark empfundenes – und damit auch subjektiv dringliches – Problem ideal lösen und somit für Ihren Kunden eine hohe Wertschöpfung erzielen.

All das lässt sich für Ihren Selfmade-Job in der VRIO-Formel testen. VRIO ist dabei ein Akronym und steht für:

V gleich Value
R gleich Rareness
I gleich Imitability
O gleich Organisation

Die Theorie des VRIO-Frameworks, die dem zugrunde liegt, wurde erstmals in den 1990er-Jahren von Jay B. Barney beschrieben.[12]

Er schlug das Modell als Möglichkeit vor, die internen Ressourcen und Fähigkeiten eines Unternehmens daraufhin zu prüfen, ob sie dem Unternehmen langfristig Chancen oder Risiken im Markt eröffnen würden. Ihn interessierte also Wachstum auf Basis von Ressourcen und Fähigkeiten, die in einem Unternehmen zu finden sind.

Ihr Unternehmen sind im Selfmade-Job Sie selbst, damit knüpft sich automatisch alles an Ihre Ressourcen und Fähigkeiten. Dass Sie dabei allein sind, ist eine gute Chance, wenn Sie dabei die Grundlagen des unperfekten Business in den späteren Teilen dieses Buchs berücksichtigen.

Wer Ressourcen und Fähigkeiten in seiner Firma halten oder entwickeln kann, die einen Wettbewerbsvorteil bedeuten, wird im Markt tendenziell wachsen. Aber wie können die besten Chancen für die bestehenden Unternehmensressourcen gesichert werden, um diese im Markt erfolgreich zu platzieren und damit zur Basis des eigenen Selfmade-Jobs zu machen?

Hierauf gibt das VRIO-Modell eine exzellente Antwort und bietet gleichzeitig eine Landkarte: Suchen Sie sich auf dem Weg zum Selfmade-Job Ihre ersten (noch wenigen) Kunden. Sorgen Sie dabei dafür, dass möglichst wenige Wettbewerber Ihren Wert ähnlich gut bieten können: Wenn Ihre Kunden die Lösung des eigenen Problems nur bei Ihnen finden, werden sie später nicht zur Konkurrenz wechseln.

Sorgen Sie ferner dafür, dass Ihr Produkt oder Ihre Dienstleistung durch Wettbewerber oder Nachahmer nicht einfach kopiert werden kann. Das kann auf ganz unterschiedliche Arten geschehen: Es kann aufgrund der sogenannten »Erfindungshöhe« Ihres Produktes gewährleistet werden. Es fällt Wettbewerbern schlicht schwer, diese Lösung zu konstruieren oder nur zu erdenken. Gleichsam kann diese Unnachahmlichkeit auch an Ihre Person geknüpft sein, Ihrem Charisma oder anderen Marktvorteilen zu verdanken sein, die nur Sie haben. Man nennt das den »unfairen Vorteil«: Wenn Sie beispielsweise ein hochdekorierter Facharzt sind, dann haben Ihre Ausbildung und Ihr Wissen schon aus dieser Tatsache heraus einen hohen Wert – dann können Sie auch entspannter auf die Preisfindung schauen.

Sorgen Sie letztlich dafür, dass Ihre Organisationsstruktur später in der Lage ist, ein steigendes Kundeninteresse möglichst leicht zu bedienen. Sorgen Sie jetzt schon in den ersten Planungen dafür, dass die Technik, die Sie zur Einrichtung Ihres unperfekten Business einsetzen wollen, von Ihnen leicht allein und ohne große Kenntnisse und Mühen implementiert werden kann.

Das sind in wenigen Zeilen die grundsätzlichen Forderungen des VRIO-Modells. Uns interessiert zunächst vor allem das »V«, Value also, das für den Wert dieser Ressourcen steht; die anderen Anforderungen werden die weiteren Kapitel dieses Buches erläutern.

Das VRIO-Framework fragt mit Blick auf den Wert:

Ist das Unternehmen in der Lage, auf Basis seiner Ressourcen und Fähigkeiten Chancen in einem Markt zu eröffnen und Gefährdungen in einem Markt zu neutralisieren?

Die Chance liegt dabei vor allem für Ihren Selfmade-Job in Ihren Fähigkeiten und Kenntnissen.

Als Rechtsanwalt geben Sie beispielsweise Informationsmaterialien zu Nachbarschaftsstreitigkeiten oder Datenschutzfragen für Kleinunternehmer bezüglich der Datenschutz-Grundverordnung (DSGVO) heraus. Als Grafikdesigner geben Sie Tipps, wie man sich seine eigene, unverkennbare Corporate Identity mit Baukastensystemen aus dem Internet schafft. Das lässt sich gut digitalisieren in Videokursen oder PDF-Broschüren zum Download.

Aber auch wenn Sie beispielsweise ein physisches Produkt verkaufen, das Sie gar nicht selbst produzieren, digitalisieren Sie im Wesentlichen Wissen und Kenntnisse. Sie digitalisieren beispielsweise die Aufmerksamkeit möglicher Kunden für das Produkt und damit das Wissen, wie man dieses herstellt, den Bestellprozess selbst können Sie ebenso digitalisieren wie die Beauftragung der Lieferung. Digitale Geschäftsmodelle ziehen ihren Erfolg genau aus dieser Möglichkeit, solche Ressourcen zu digitalisieren – obwohl durchaus physische Produkte in die ganze Welt versendet werden.

Gleichsam kann eine solche Ressource auch ein Risiko für Ihr Unternehmen sein, wenn Sie beispielsweise all Ihre Energie darauf verwenden, auf Basis von spezifischem Wissen ein Erfolgsmodell aufzubauen, und dann feststellen müssen, dass die Wettbewerber das allzu leicht nachbauen können, dass die Preise für dieses Wissen dadurch niedrig sind und dass der Markt längst gesättigt ist.

Was für das eine Unternehmen eine Chance ist, ist für das andere Unternehmen ein Risiko. Die zunehmende breite Anerkennung des Klimawandels ist beispielsweise für Betreiber von Kohlekraftwerken ein Risiko, während sie für Hersteller von Solarpanels eine Marktchance bedeutet, obwohl beide die unternehmensinterne Fähigkeit aufweisen, Energie zu erzeugen.

Hier sind Sie – und das kann man an diesem Beispiel gut verdeutlichen – mit einem neu startenden Unternehmen häufiger im Vorteil als im Nachteil. Ein Unternehmen, das seit Jahrzehnten für eine Technologie bekannt ist, die technische Entwicklung vollkommen auf dieses Thema ausgerichtet und Marktanteile hierfür erobert hat, kann sich schwerer tun, auf neue Technologien zu reagieren, als eine Neugründung. Es ist einfacher, Technologie neu aufzubauen, als diese grundsätzlich und in ihrer Substanz neu auszurichten. Das ist das Modell der Disruption, und daher konnte Tesla leichter ein Elektrofahrzeug mit großem Erfolg entwickeln als der sehr viel größere Volkswagen-Konzern.

Dennoch gibt es verschiedene Parameter, die Sie weniger gut beeinflussen können. So beschreibt das VRIO-Framework beispielsweise technologischen Wandel als möglichen Nährboden einer Chance. Die Möglichkeiten des Internets haben beispielsweise zahlreichen Geschäftsmodellen Tür und Tor geöffnet. Kunden können und wollen sich überall und zu jeder Zeit auf verschiedensten Wegen über Angebote informieren, auf das Wissen anderer Menschen zugreifen und die Realität um sie herum mit Wissensbeständen abgleichen.

Ein einfaches Beispiel sind Restaurantbewertungen, bei denen am Abend in einer fremden Stadt schlicht Restaurants in der Umgebung über das Internet und die Ortungsfunktion erfasst werden, auf die Kundenmeinungen Dutzender anderer Gäste zurückgegriffen und danach eine Entscheidung getroffen wird: »Da gehen wir hin, das hat 4,5 Sterne«. Das war mit den *Gelben Seiten* in gedruckter Form unter dem Arm vor 20 Jahren schwierig. Heute ist genau das ein Geschäftsmodell von TripAdvisor.

Eine andere spannende Basis sind gesellschaftliche Neuerungen. So kann sicher davon ausgegangen werden, dass Entwicklungen wie die sich immer mehr ausbreitende Nutzung von Social-Media-Content, die Möglichkeit der Nutzer, nicht mehr nur als Empfänger, sondern auch als Sender von Inhalten aufzutreten, neue Geschäftsmodelle eröffnet hat. Instagram-Influencer zeigen, dass eine Nutzung dieser Möglichkeiten, die sicher auch starke gesellschaftliche Veränderung mit sich gebracht haben, interessante neue Märkte und Nischen aufgestoßen hat.

Das VRIO-Framework beschreibt sechs dieser Chancen[13]:

- den technologischen Wandel (etwa das Internet, Elektromobilität, Flugtaxis, Augmented Reality, Telemedizin);
- demografische Veränderungen (zum Beispiel Altersstruktur der Gesellschaft, Babyboom, Kriege);
- den kulturellen Wandel (wie Globalisierung und Internationalisierung, Migrationsbewegungen, Säkularisierung, Start-up-Kultur, Generationswechsel mit neuen Überzeugungen);
- das »ökonomische Klima« (beispielsweise Rezession und Wirtschaftsboom, New Economy);
- besondere internationale Ereignisse (zum Beispiel die Weltausstellung, Handelsembargos und Sanktionen);
- rechtliche und politische Bedingungen (etwa die DSGVO, Regierungswechsel oder Gründungsprämien);
- verschiedene Mischformen.

Selbstständige, die zeitbasiert arbeiten, wählen das Schlechteste aus zwei Welten

Selbstständige, die in ihrem Job gutes Geld verdienen, gibt es recht häufig, aber sie stellen dennoch eine deutliche Minderheit dar. Immer noch scheitert die große Mehrzahl derer, die antreten, um ihren Traum vom eigenverantwortlichen Arbeiten, vom Streben nach den eigenen Zielen und dem Mantra »Wähle deinen Job mit Bedacht, und du musst nie wieder arbeiten« nachzugehen.

Die Selbstständigen, die auch nach mehreren Jahren noch am Markt teilnehmen, teilen sich in zwei große Gruppen auf. Da sind zum einen die Enthusiasten, die mit viel Beharrlichkeit und Durchhaltevermögen, teilweise durch Partner, Staat oder einen Zweitjob gestützt, irgendwie überleben oder durch sehr viel Arbeit einen gedeckelten Stundenlohn ausgleichen und damit gute Ergebnisse in der Unternehmensbilanz verzeichnen.

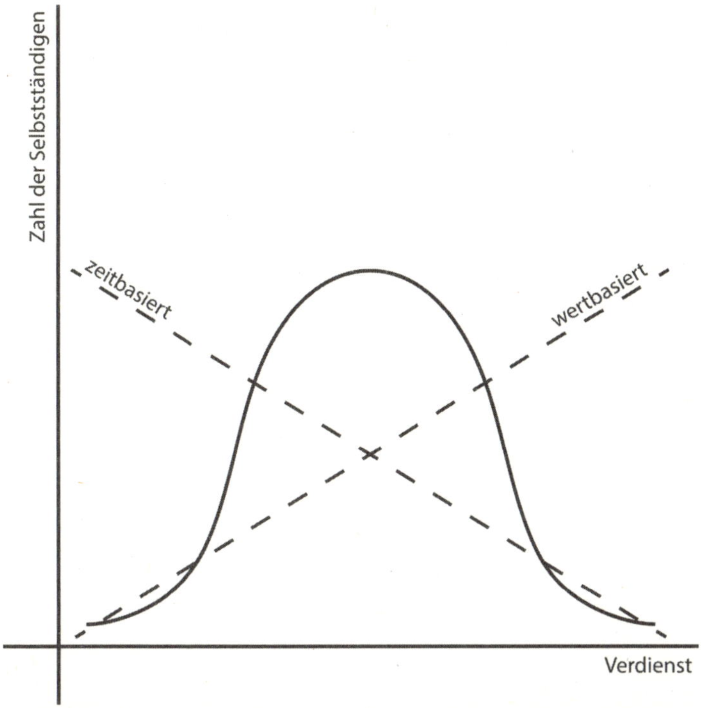

Abb. 1: Verdienstmöglichkeiten in Abhängigkeit von zeit- oder wertbasierter Arbeit, stilisierte Darstellung der Theorie.

Und dann gibt es jene, die gut leben können von ihrem Geschäft und dabei nicht wirklich angestrengt, überarbeitet oder gestresst wirken.

Oben stehende idealisierte Grafik verdeutlicht, wie es um die Selbstständigen bestellt ist. An der X-Achse ist zunächst die Rendite Ihres Arbeitens abgetragen. Einige wenige können nur eine sehr geringe Rendite erwirtschaften und machen trotzdem weiter. Das sind wie eben beschrieben die Enthusiasten. Diese Gruppe ist auch deshalb klein, weil viele das selbstständige Business bald wieder hinwerfen, wenn sie diese Gruppe nicht verlassen können. Die breite Masse der Selbstständigen kann durchaus einen höheren Gewinn mit ihrer Tätigkeit erwirtschaften, aber das eben um den Preis einer sehr hohen persönlichen Belastung und viel durch sie selbst erbrachte Arbeit.

Ein nur geringerer Teil wird rechts in der Grafik abgetragen, wo der Gewinn hoch ist. Diese Selbstständigen machen etwas besser als andere.

Die Antwort dazu liegt zu einem guten Teil in den beiden sich kreuzenden Linien aus zeitbasiertem und wertbasiertem Arbeiten. Der Anteil derer, die zeitbasiert arbeiten, ist im Bereich der geringverdienenden Selbstständigen oftmals höher als der Anteil der wertbasiert arbeitenden Selbstständigen. Das mag von Branche zu Branche, von Person zu Person und von Markt zu Markt variieren, aber die Tendenz dazu lässt sich durchaus so verallgemeinern. Bei den besser verdienenden Selbstständigen steigt gleichzeitig deutlich der Anteil derer, die wertbasiert arbeiten.

Und das ist allein aus der Tatsache abzuleiten, dass eben zeitbasierte Leistungen stets gedeckelt sind, während wertbasierte Lösungen besser skalierbar sind, durch die notwendige Herausstellung der Ergebnisse der Arbeit aber auch eher vom Kunden wertgeschätzt werden und diese Anbieter oft ganz anders an ihr Business und an ihre Verkaufsgespräche herangehen.

Erfolgreiche Selbstständige können entweder einen höheren Stundenlohn erzielen oder arbeiten gleich ergebnisorientiert, lassen sich also nicht die Zeit bezahlen, die sie investieren, sondern die Ergebnisse, die sie liefern. Sie beraten nicht zwingend besser oder haben mehr Expertise, aber sie haben verstanden, dass sie den Menschen Lösungen verkaufen müssen, nicht aber ihre Lebenszeit. Diese Selbstständigen arbeiten wertbasiert.

Damit vervollständigt sich die zweite Achse der Betrachtung aller strukturellen Unterschiede von Angestellten, Selbstständigen und Unternehmern:

> Zeitbasiertes Arbeiten versus wertbasiertes Arbeiten. Neben »Risiko und Rendite« ist das Grundverständnis dieser beiden Pole elementar dafür, jede Entwicklung vom Angestellten zum Selbstständigen und dann vom Selbstständigen zum Unternehmer so zu meistern, dass sich dabei die eigenen Ziel verfolgen lassen.

Selbstständige und Angestellte arbeiten im System

Ein weiterer Punkt ist die Frage, wie genau Sie Ihre Arbeitskraft in Geld verwerten: Angestellte arbeiten in den allermeisten Fällen direkt produktiv. Das ist in ihrem Stundenlohn festgeschrieben. Sie arbeiten an genau dem, wofür sie bezahlt werden, und solange sie das tun, bekommen sie den dafür vorgesehenen Lohn.

Selbstständige arbeiten aber oft noch viel klarer direkt produktiv, denn sie steuern ihren Verdienst durch die eingebrachte Arbeit, solange die Auftragslage oder der Wettbewerb oder andere limitierende Faktoren nicht auf die Gleichung Einfluss nehmen.

> Wenn die angestellte Verkäuferin ihre Pause macht und die Kollegin sie an der Kasse vertritt, dann verdient sie weiterhin Geld. Wenn der Selbstständige dagegen Pause macht, dann pausiert auch der Unternehmensgewinn.

Selbstständige schreiben sich ihren Gehaltsscheck immer selbst. Das bedeutet: Wenn sie sich mehr anstrengen, härter arbeiten oder ihre Prozesse verbessern, dann verdienen sie mehr Geld. Dabei ist lediglich zu beachten, dass Selbstständige dabei eben auch viel deutlicher externen Faktoren unterliegen können wie Krisen oder beispielsweise einem technologischen Wandel ihrer Branche. Angestellte, die krank sind, bekommen eine Weile weiter Geld, Selbstständige, die direkt produktiv arbeiten, eher nicht. Sie können ihre Einnahmen durch »Nichtarbeit« an einem Tag auf null bringen, daher ist diese Verbindung noch stärker direkt produktiv als bei den Angestellten. Sie arbeiten nicht im System, sie sind das System.

Womit sich Selbstständige daher klassisch schwertun: statt im System besser am System zu arbeiten. Sie sind oft so von ihren Kunden gefordert, müssen für kleine und größere Probleme Troubleshooting betreiben und verdienen immer Geld, wenn sie im System arbeiten. So können sie zwar viel Geld verdienen, ihr Erfolgsmodell hängt aber dabei eben immer von ihrer direkten Produktivkraft ab. Und weil sie, wenn sie am System arbeiten, nicht im System arbeiten können, tun sie das meist auch nicht.

Damit bleiben Selbstständige meist direkt produktiv und manchmal arbeiten sie damit nebenbei eher am Burn-out als am eigenen Business. In jedem Fall verkaufen sie ihre Lebenszeit gegen Stundenlohn.

Die Lösung: Es muss Selbstständigen gelingen, zum Unternehmer zu werden.

Unternehmer arbeiten am System und entkommen der Stundenlohn-Falle

Unternehmer machen das zumeist klüger. Unternehmer sind Selbstständige, nur mit Mitarbeitern. Diese Vorstellung ist sicherlich sehr weit verbreitet. Und sie ist zugleich intuitiv. Schließlich scheinen Unternehmer auf keinen Fall wie Angestellte zu sein, denn diese werden von ihnen ja beschäftigt.

Oft wird vermutet, dass sich die meisten Unternehmer irgendwann Hilfe hinzugeholt haben, weil sie so erfolgreich waren, dass sie mehr Köpfe und Hände beschäftigen konnten als ihre eigenen. So erklärt sich auch die Logik, dass das eine (Selbstständigkeit) manchmal in das andere (Unternehmertum) führt.

Unternehmer arbeiten ebenfalls an ihren eigenen Ideen. Unternehmer hängen voll und ganz am Erfolg des eigenen Geschäfts und arbeiten auch dafür, dass dieser sich mehrt; darin sind sie wie Selbstständige. Und so wie Angestellte und Selbstständige Gemeinsamkeiten haben, gilt das auch für Unternehmer und Selbstständige.

Selbstständige sind seltsame Mischwesen in dieser Einordnung zwischen den beiden Polen »angestellt« und »unternehmerisch«.

> Unsere eigene Definition des Unternehmers lautet dagegen: Ein Unternehmer wird für den Wert bezahlt, den er erbringt, nicht für die Stunden, die er erbringt.

Unternehmer arbeiten aber anders als Selbstständige nicht direkt produktiv, sondern erzielen eine Umwegrendite ihrer Arbeit. Eine Umwegrendite nennt man Prozesse, die nicht klar nachvollziehbar in einen direkten Gewinn münden.

Prozesse, die nicht klar zuzuordnen sind, sind etwa Messeauftritte, bei denen viele Kunden sehen, dass die Firma noch am Markt operiert, einen innovativen Stand hat und nette Verkaufsgespräche bietet. Wenn diese Kunden aber nichts auf der Messe kaufen, sondern sich durch diese Präsenz »nur« den Namen der Firma merken, die Firma vielleicht noch ihre Markenbekanntheit dadurch steigert, der Kunde aber womöglich erst ein halbes Jahr später von dieser Firma ein Produkt kauft – dann spricht man von der Umwegrendite.

Die Umwegrendite des Unternehmers selbst aber liegt wesentlich darin begründet, dass dieser an seiner Firma arbeitet und nicht so sehr in seiner Firma – und schon gar nicht direkt in den Prozessen.

Die Dr.-Oetker-Gruppe etwa handelte irgendwann neben dem Pudding und der Pizza, für die sie bekannt ist, auch mit Bier und Schiffen. Es war eine unternehmerische Entscheidung der geschäftsführenden Personen – der Unternehmer –, diese Geschäftsfelder zu erschließen und so das Unternehmen zu vergrößern und auf mehr »Säulen« zu stellen.

Die Unternehmerfamilie hat aber vermutlich selten selbst an Pudding oder Schiffen Hand angelegt. Unternehmer stellen Weichen, geben eher den Kurs vor, als dass sie direkt am Produkt arbeiten. Die Oetkers haben also mehr am System und weniger im System gearbeitet.

Es gibt Regularien der Motivation der Angestellten, die dem Unternehmer ebenfalls zur Verfügung stehen, aber sie sind in der Regel extrinsisch, also von außen auf das Individuum einwirkend: Mehr Geld, eine Erfolgsprämie, Sonderurlaub oder eine Beförderung, ein Dienstwagen oder das Lob des Chefs auf der Weihnachtsfeier mögen funktionieren. Damit stellen diese externen Motivationsmöglichkeiten jedoch oft ein Abwägen mit dem unternehmerischen Gewinn dar.

Es lässt sich feststellen, dass ein Dasein als Unternehmer zumindest in der Anlage attraktiver ist als jenes als Selbstständiger, und die gleiche Abstufung gilt auch gegenüber dem Angestellten – natürlich nicht immer und für jeden, aber je mehr eigenes Potenzial jemand entfalten will, je mehr Bedeutung man den eigenen beruflichen Zielen auch vor dem Hintergrund der Selbstverwirklichung einräumt, desto mehr lohnt sich der Blick auf das wertbasierte Arbeiten des Unternehmers.

Das Gesetz des unternehmerischen Hebels

Das Hebelprinzip kennen Sie von Stemmeisen, Spielplatzwippen und Feuerzeugen als Flaschenöffner: Ist der Hebel, an dem die Kraft ausgeübt wird, zehn Mal länger als die gegenüberliegende Hebelseite, so kann man mit einer Kraft, die 100 Kilogramm entspricht, eine Tonne an Gewicht bewegen.

Archimedes nutzte einen sehr bildhaften Ausspruch, um zu verdeutlichen, dass ein genügend langer Hebel in Verbindung mit einem fixen Punkt auch das Gewicht der Erdkugel bewegen könnte. Eine kleine Kraft kann also sehr viel erreichen, wenn die mathematischen und physikalischen Begleitumstände es zulassen.

Die Wirtschaftswissenschaften haben sich dieses naturwissenschaftliche Prinzip entliehen und nennen es den Leverage-Effekt.

Ein Beispiel ist die »operative Hebelwirkung«. Dabei geht man davon aus, dass beispielsweise ein Unternehmer eine Investition tätigen möchte, etwa eine neue Maschine kaufen. Nun kann der Unternehmer die Investitionssumme allein nicht aufbringen und erwägt daher, einen Kredit aufzunehmen. Dieser Kredit verursacht Kosten. Die Maschine aber wird schließlich einen kalkulierten Gewinn bringen. Man kann sich leicht vorstellen, dass dieser erhoffte Nutzen der Maschine und die Kosten des geliehenen Geldes ins Verhältnis gesetzt werden müssen. Bringt die neue und (teil-)finanzierte Maschine mehr, als sie an Zinsen und Tilgung kostet, so spricht man von einer »Hebelchance«, im anderen Fall von einem »Hebelrisiko«.

Der Hebel liegt nun darin, dass das Unternehmen ohne das fremde Geld nicht in der Lage wäre, die Maschine überhaupt anzuschaffen. Das

Unternehmen müsste dann auf den Gewinn durch die Maschine verzichten. Wird es aber durch den Kredit in diese Lage versetzt und kann die Maschine anschaffen, so kann ein Gewinn erzielt werden.

Auch Angestellte sind Teil eines Leverage-Effekts. Erst durch die Tausende Mitarbeiter einer Werft kann der Werftinhaber Schiffe überhaupt bauen und verkaufen – er hebelt seine Produktivität über die Mitarbeiter.

Das ist auch einer der Hauptantriebe überhaupt, Unternehmen mit arbeitsteiliger Organisation zu schaffen. Ein Mensch könnte sich vermutlich alles notwendige Wissen und die Fertigkeiten aneignen, ein großes Containerschiff zu planen, zu bauen und zu vertreiben. Aber er wäre vermutlich über Jahrhunderte damit beschäftigt.

Auffällig ist dennoch, dass alle Beteiligten, der Unternehmer wie der Arbeiter, die Büroangestellten wie die Vertriebsmitarbeiter, ohne die anderen kein Schiff verkaufen würden – oder zumindest nicht ausliefern. Aber einige sind dabei ersetzbar, andere scheinbar nicht, wie die Unternehmer.

Selbstständige und Angestellte kennen den Leverage-Effekt weniger, während Unternehmer ihn in der Regel offensiv nutzen – bewusst oder unbewusst. Die Beschäftigung von Angestellten, die Beauftragung von Selbstständigen im B2B-Bereich oder die Finanzierung von Betriebsmitteln durch Unternehmer ist oft an diesen Effekt gebunden, und der Unternehmer profitiert teilweise massiv davon.

Angestellte sehen ihre Rolle aus dem System heraus auf den Effekt des Hebels bezogen kaum so klar. Und das liegt am »Leuchtturmeffekt«:

> Stellen Sie sich vor, in einem Leuchtturm geboren worden und dort nie herausgekommen zu sein. Wenn dann jemand zu Ihnen kommt und Sie bittet, den Leuchtturm – Ihren Leuchtturm – zu zeichnen, dann entsteht aus der Innensicht ein krudes Bild des Leuchtturms: vielleicht rund, aber vor allem mit vielen Treppen und runden Räumen angelegt. Andere Personen, denen Ihr Bild aus dem Inneren des Leuchtturms vorgelegt würde, würden kaum erkennen, was Sie malen wollten, da es auch zum Grundverständnis des Ganzen wichtige

Elemente vermissen ließe. Sie haben schließlich nur die »Innensicht«, auf die Sie zurückgreifen können.
Bittet Sie aber zum ersten Mal jemand heraus und führt sie nur ein paar Meter vom Leuchtturm weg, dann malen Sie mit wenigen Strichen einen rot-weißen, hoch aufragenden Leuchtturm, den sofort jeder Außenstehende als Leuchtturm identifiziert.
Das ist die klarere, die »Außensicht«.

Angestellte sehen sich oft diesem Hebelsystem ausgeliefert, denn was wäre die Konsequenz aus der Erkenntnis, dass die eigene Position im Angestellten-Unternehmen-System nicht die richtige für die Umsetzung eigener Ziele ist? Die Seiten zu wechseln, selbst Angestellte zu führen und eine Firma zu gründen, die sich vielleicht eine Buchhaltung und Produktion, Marketing und Vertrieb, Auslieferung und Kundensupport leistet?

Digitale Angebote sind die besten Produkte für Ihren Selfmade-Job

Ein kraftvoller und damit idealer Hebel für Ihren eigenen Selfmade-Job sind digitale Produkte, beispielsweise Youtube-Channels, Online-Kurse oder eine von Ihnen entwickelte App. Auch klassische Softwareanwendungen zählen dazu.

Expertensicht von Sven Platte
Sven Platte ist der deutschsprachige »Digitalisierungs-Kaiser«. Das von ihm gegründete Unternehmen Digistore24 ist der mit Abstand führende Anbieter für digitale Info-Produkte wie zum Beispiel Online-Kurse. Das Unternehmen liefert Info-Produkte im Wert von rund 400 Millionen Euro pro Jahr.
Sven Platte ist aber nicht nur Unternehmer, sondern auch Inspirator und Evangelist für digitale Produkte. In dieser Funktion tritt er regelmäßig als Kongressredner auf und beeindruckt durch seine ruhige

Aura und sein großes Charisma. Regelmäßig interviewt er erfolgreiche Info-Produkt-Anbieter in seinen Youtube- und Podcast-Kanälen. Seine Botschaft ist höchst glaubwürdig. Denn Sven Platte hat als approbierter Zahnarzt selbst den Sprung raus aus dem Stundenlohn hin zum Unternehmer geschafft. Heute ist er der strategische Mastermind hinter dem Digitstore24-Giganten und hat das operative Geschäft abgegeben.
Seiner Meinung nach eignet sich kein zweites Produktgenre so sehr wie digitale Info-Produkte für den schnellen Einstieg in einen Selfmade-Job: Die Technik wie Kameras und Schneide-Apps, so meint Sven Platte, sei heute breit verfügbar, und jeder Mensch könne mithilfe seines Wissens und seiner Lebenserfahrungen ein Info-Business ausprobieren.
Sven bringt es an einem Beispiel auf den Punkt: Wer heute ein Restaurant oder einen Friseursalon gründet, springt gleich ins kalte Wasser und muss 50 000 oder 100 000 Euro Startkapital mitbringen. Info-Produkte sind dagegen risikoarm und vor allem bei sich dann einstellendem Erfolg gut skalierbar.
Einmal erstellt, können Digitalprodukte dann herausragend gehebelt werden.

Es gibt mehrere Aspekte, die belegen, warum digitale Produkte ideale Voraussetzungen für Ihren Selfmade-Job bieten und den Hebeleffekt nutzen können.

Skalierbarkeit: Digitale Produkte müssen ein einziges Mal produziert und dann vervielfältigt werden – und darin liegt eine besondere Chance auf einen großen unternehmerischen Hebel.

Ein Restaurant berechnet die Preise auf der Speisekarte beispielsweise in einer vereinfachten Formel »Wareneinkauf mal 3 (oder 4)«, um mit Gewinn zu arbeiten. Diese Wareneinkaufskosten fallen für jeden Gast neu an, außerdem muss das Gericht durch einen Koch zubereitet werden und vom Servicepersonal dann serviert werden. Außerdem braucht ein Restaurant ein Gebäude, in dem es eingerichtet ist.

Bei einer Rezept-App, die das Hebelprinzip der Digitalisierung anwendet, ist das anders: Bei der digitalen Auslieferung von Rezepten entstehen nur ein einziges Mal nennenswerte Kosten, die sich dann mit mehr und mehr Verkäufen zu niedrigeren Kosten pro Verkauf und mehr Gewinn summieren.

Es macht auf der Kostenseite kaum einen Unterschied, ob 10000 oder nur zwei Kunden Ihre Rezept-App installieren. Dieser digitale Hebel schlägt hier häufig analoge Geschäftsmodelle auf der Produkt- und Produktionsebene und ist daher ein guter Ausgangspunkt, der illustriert, warum digitale Produkte die idealen Selfmade-Job-Voraussetzungen mitbringen.

Wenn ein digitales Produkt erstellt wird, dann ist zu Beginn der Aufwand dafür am höchsten. Das gilt für digitale wie für nicht digitale Produkte. Einen Stuhl, den eine Firma produzieren will, muss jemand designen, es müssen Maschinen eingestellt werden, die die Teile fräsen und verleimen, Vertriebswege müssen aufgebaut und Etiketten gedruckt werden, vielleicht Verkaufsflyer erstellt und Versandkartons produziert werden. Wenn all das steht, dann ist es ziemlich einfach, einen verkauften Stuhl zu versenden. Bis dahin jedoch ist es ein weiter Weg.

Ähnlich ist es mit einem Produkt, das Sie nicht selbst produzieren und in einem Ladengeschäft vertreiben. Es muss ein Laden eingerichtet werden, das Produkt präsentiert und in das Kassensystem einprogrammiert werden, Preisschilder gedruckt und die Mitarbeiter mehr oder weniger geschult werden.

Das digitale Universum hat es hier leichter. Ein Kinofilm ist ein klassisches Beispiel eines heute digitalen Produktes und in gewisser Weise ein Grenzgänger zwischen beiden Welten. In Hollywood werden immense Kosten und ein enormer Aufwand investiert, um eine Kopie eines Kinofilmes zu erstellen. Man nennt das die »Masterkopie«, das allererste fertige Exemplar.

Der Weg dahin ist sehr analog: Kulissen und Schauspieler sind heute noch selten voll digitalisiert, und wenn, dann ist auch das teuer in Bezug auf die Rechenleistung.

200 Millionen für einen Blockbuster sind nicht ungewöhnlich, und wenn nur eine einzige Kinokarte dieses Filmes verkauft würde, müsste diese eben 200 000 001 Dollar kosten, um 1 Dollar Gewinn mit dem Film zu machen. Aber durch die häufige Kopie des Masters, die Aufführung in Tausenden von Kinos weltweit für Millionen von Zuschauern kann der Preis einer Kinokarte so weit reduziert werden, dass eine Karte nur noch 15 Dollar kosten muss und dennoch ein Gewinn für das Filmstudio in Aussicht steht. Am Ende genügt vielleicht sogar der kleine Anteil eines Amazon-Prime-Abos, damit das Studio einen Gewinn einfährt.

Die Kosten der ersten Master-Kopie heißen »First-Copy-Costs«, und diese lassen sich für digitale und ebenso analoge Produkte immer berechnen.

Die First-Copy-Costs stehen am Beginn jedes Projekts, ob es die Schauspielergehälter und Requisiten, Studiokosten und Lizenzen für die Kinos sind oder das Gehalt des Stuhldesigners, die Löhne für die Facharbeiter, die die Stuhlfräsmaschinen einrichten und bedienen, oder das Holz, das eingekauft wird. Oder ob es Ihre Fortbildungen, die Programmierung der Website, auf der Ihre Dienstleistungen angeboten werden, und die Miete Ihres Büros sind: Immer steckt ein Berg an Anfangskosten in jedem Produkt und jeder Dienstleistung.

Bei analogen Produkten heißt diese erste Kopie dann »Prototyp« und meint das Gleiche.

Mit steigender (verkaufter) Stückzahl sinken dann die Durchschnittskosten. Mit der zweiten Kinokarte muss diese nur noch 100 Millionen kosten, mit der 1000. nur noch 200 000 Dollar. Bei einer Million Zuschauern weltweit genügt ein Kartenpreis von 200 Dollar für den »Break-even«, also für den Punkt, ab dem der Kinofilm Gewinn einfährt.

Am Ende stehen dann 10 Millionen Zuschauer, die eben 20 Dollar für ein Kinoticket zahlen. Natürlich ist diese Rechnung vereinfacht, aber sie zeigt das Prinzip der Skalierung besonders deutlich.

Das ist übrigens beim Stuhl ebenso. Einen Stuhl zu entwickeln ist ein komplexer Prozess: Das Design, erste Entwürfe, Proben am Holz, das

Einstellen der Maschinen und die anderen genannten Aufgaben benötigen Zeit, die durch einen 19,99-Euro-Stuhl im Discountmöbelmarkt nie gedeckt werden. Deshalb werden dort ja große Stückzahlen dieser Stühle verkauft, und deshalb ist ein für Sie persönlich angefertigtes Stuhl-Unikat vom Tischler immens teurer.

Digitale Produkte haben einen weiteren großen Vorteil: die Grenzkosten. So heißen die Kosten pro Produkt, die unabhängig von der Zahl der verkauften Produkte anfallen.

Für die Herstellung des Stuhls zum Beispiel werden das Holz und der Leim, den eine Stuhlfabrik regelmäßig einkauft, die Arbeitskraft der Arbeiter an den Maschinen und die Kosten für die Lkw, um die Stühle ins Möbelhaus zu fahren, auf den Herstellungspreis aufgeschlagen. Und auch die Fabrikhalle, in der der Stuhl hergestellt wird, muss in der Kostenkalkulation des Endkundenpreises berücksichtigt werden.

Grenzkosten kennen digitale Produkte kaum beziehungsweise nur in geringem Ausmaß. Natürlich fallen pro Produktkauf eines digitalen Produktes auch Kosten an, zum Beispiel für die Download-Auslieferung, die Serverkosten oder die Rechnungsstellung. Aber sie sind eben vernachlässigbar gering.

Denn wenn niemand Hand anlegen muss, damit jemand seine Informationen bezahlt und herunterlädt, dann kostet das den Anbieter wenig oder kein Geld.

Digitalisierung ist damit auch der zentrale Hebelpunkt des digitalen Business. Sie liefert zahlreiche Impulse für den Selfmade-Job.

Die Magie dahinter sieht man schnell, wenn man die wertvollsten Konzerne der vergangenen Jahre betrachtet. Waren das vor 20 Jahren noch eher rohstofforientierte Konzerne, die reale Güter produzierten, so konnten zunehmend Firmen, die Wissen elektronisch verbreiten, deren Spitzenplätze einnehmen: Google, Facebook, Microsoft, Amazon und Alibaba tummeln sich unter den Ersten und verdrängen Öl-, Lebensmittel- und Rohstoffkonzerne zunehmend nicht nur aus den Top 10[14].

Die Produktion der digital niedergelegten Informationen ist dabei heute so einfach wie nie zuvor, ebenso der Vertrieb und die Kundengewinnung. Für alles gibt es im Digitalen bereits heute gute Lösungen, die jedem zur Verfügung stehen und leicht zu bedienen sind. Im Digitalen herrschen goldene Zeiten für Gründer.

Wo Industriekonzerne für physische Güter Produktionsstraßen bauen und Lkw-Ladungen durch die Welt senden, muss im Internet kaum mehr in die Vertriebsstruktur investiert werden. Produkte können – sofern sie digitalisiert sind – durch bestehende Infrastruktur geleitet werden und erreichen die Kunden in annähernd Lichtgeschwindigkeit. Eine Website ersetzt jeden Showroom, ein WordPress-Plugin oder ein in wenigen Minuten eröffnetes anderes Plattformkonto bietet alles, was Sie als Anbieter als Infrastruktur benötigen.

Informationen haben dabei zudem den Charme, dass sie leicht digitalisiert werden können: in Form von Texten oder Videos, als Screencapture-Aufnahmen oder in Podcasts und Hörbüchern, als Online-Kurs oder in individuell erstellten digitalen Lösungen im Hochpreissegment.

Solche Systeme zur Erstellung, Verbreitung und Bewerbung sowie zur Monetarisierung können heute mit nur geringen technischen Kenntnissen gestaltet und bedient oder von einer Agentur professionell aufgesetzt werden – hin zu einem auch danach weitgehend autark laufenden System.

Die Kosten liegen dabei für ein Online-Business gegenüber beispielsweise einem Friseursalon deutlich niedriger und können durch den Anbieter wesentlich selbst erbracht werden. Der Friseur hingegen überlässt die Ausstattung seines Geschäfts oft dem Innenarchitekten und dem Ladenbauer.

Markteintrittshürden sind ein weiterer wesentlicher Vorzug digitaler Produkte. Sie sind oft deutlich geringer als bei analogen Geschäftsmodellen.

Das wird schnell klar, wenn wesentliche Grundsäulen Ihres eigenen Selfmade-Jobs mit wenigen technischen Kenntnissen und geringem finanziellem Investment selbst dargestellt werden können, dabei auf bestehende Systeme zurückgegriffen werden kann und der Kern Ihres digitalen Business ebenfalls aus Ihrer Leidenschaft heraus entwickelt und verbreitet werden kann.

Ein Rückblick auf die goldenen Zeitalter der gesellschaftlichen Wertschöpfung zeigt das recht gut, die Markteintrittshürden hängen wesentlich vom jeweils zentralen Bereich dieser Wertschöpfung ab.

Im Industriezeitalter galten Boden, Kapital und Arbeit als Grundlage eines funktionierenden Business. Wer einmal die Route der Industriekultur im Ruhrgebiet besichtigt hat und beispielsweise in Duisburg im Landschaftspark Duisburg Nord auf 60 Meter hohen Stahlungetümen stand, bekommt ein Gefühl dafür, welchen Aufwand an Investment von Arbeitskraft, Material und Kapital es brauchte, um damals ein erfolgreiches Business zu gründen.

Im Dienstleistungszeitalter war das schon leichter, als sich Handelshäuser und große Dienstleister gründeten. Rossmann und Aldi sind aus einzelnen Kaufhäusern hervorgegangen, aber auch sie benötigten und benötigen dafür relativ viel Personal und Vertriebsstrukturen, Materialbeschaffung und vieles mehr.

Im Informationszeitalter sind die Rohstoffe vollends fluide, die im Zentrum der heute erfolgreichen Business-Modelle wie der von Google, Amazon und vielen kleinen Start-ups stehen. Damit ist der Markteintritt immens vereinfacht.

Success-Story: Unsere Kunden Heike Martini und Sandra Scholler haben mit unserer Hilfe ihr Restaurant digitalisiert. Sie sind erfolgreiche Gastronomen und betreiben das schicke Luxusrestaurant »Martinis«.
Mithilfe eines professionellen Redaktions- und Kamerateams wurde das Flair des »Martinis« eingefangen und ein Digitalprodukt entwickelt. Der Kunde dieses Produktes kann nun die besten Gerichte des »Martinis« zu Hause nachkochen und bekommt dafür alles, was er benötigt, an die Hand: Rezepte und Zubereitungsvideos.
Die Videos wurden in der Originalküche des »Martinis« gedreht – und die Moderatoren sind die Profi-Köche des Restaurants. Im digitalen Paket gibt es außerdem Tischkarten zum Ausdrucken, Deko-Tipps und vieles mehr.
Die Weinempfehlung des Restaurant-Sommeliers gibt es ebenso dazu.

Das Hamsterrad sieht nur von innen aus wie die Erfolgstreppe

Robert Kiyosaki, einer der Väter des Modells der vier beschriebenen Formen des Lebensunterhaltes, beschreibt, dass Menschen meist erst Angestellte sind, dann Selbstständige sein wollen, nur um später Unternehmer werden zu wollen und dann von einem Dasein als Investor zu träumen.[15]

Angestellte wollen manchmal nicht dauerhaft die Ziele anderer verfolgen und daher selbstständig werden; zudem träumen sie von einem Leben mit mehr finanziellen Möglichkeiten und Formen von Freiheit, die auch mit dem Leben als Selbstständiger und Unternehmer einhergehen können: eine emotionale Freiheit etwa, auch einmal eine Aufgabe nicht annehmen zu müssen und selbstbestimmt zu arbeiten.

Und Selbstständige erfahren ihrerseits oft nach einer Weile, dass ihr Erfolg im System des Selbstständigseins durch ihre eigene Produktivkraft gesteuert, durch ebendiese womöglich gesteigert, aber auch irgendwann gedeckelt werden kann. Sie entwickeln den Wunsch, auch mal jemandem eine Aufgabe geben zu können oder am eigenen System zu arbeiten und dieses zu verbessern und damit erfolgreich zu sein. Sie wollen aus dem Hamsterrad der direkt produktiven Arbeit ausbrechen und weiterkommen. Oder sie werden so erfolgreich, dass sie sich Hilfe suchen müssen, und stellen andere Menschen als Angestellte ein, wachsen so in die Rolle des Unternehmers hinein und erkennen die Vorzüge, auch einmal delegieren zu können. Insbesondere im Dienstleistungsbereich gibt es viele Selbstständige, die ihrer Rolle trotz aller eigenen Ziele irgendwann überdrüssig werden.

Arbeitgeber und Arbeitnehmer sitzen oft nicht im selben Boot

Der Bruch zwischen der Umsetzung der eigenen Ziele des Mitarbeiters einerseits und den Zielen der Firma andererseits ist wissenschaftlich gut erforscht. Die Ergebnisse sind leider nicht allzu ermutigend: Oft liegen die Interessen der Arbeitnehmer und die der Arbeitgeber weit auseinander – dann sitzen beide Seiten eben nicht in einem gemeinsamen Boot, und wenn doch, so rudern sie in unterschiedliche Richtungen.

Das Modell dahinter heißt »Homo oeconomicus«, übersetzt etwa »Nutzenmaximierer«, und lässt sich am besten an einem Beispiel illustrieren.[16]

Ein Angestellter soll einen beruflich bedingen Flug in die USA buchen, um für die Firma an einem Kundentermin teilzunehmen. Ihm liegen zwei Angebote von Fluggesellschaften vor: ein Flug für 1000 Euro, der ihm jedoch keine persönlich verwendbaren Bonusmeilen beschert, und ein Flug für 2000 Euro, der ihm Bonusmeilen zur privaten Verwendung einbringt. Die Bonusmeilen haben dabei nur einen verschwindend geringen Wert von 20 Euro.
So mancher Angestellte wird den teureren Flug buchen, auch wenn er doppelt so teurer ist, denn es bezahlt ihn ja das Unternehmen, während der privat nutzbare Zugewinn dem Angestellten zufällt. Der Angestellte maximiert seinen Nutzen auf Kosten des Unternehmens.

Firmen sind höchst interessiert an diesem Nivellierungsprozess und haben dieses Interesse in verschiedenen Systemen institutionalisiert. Controlling und Buchhaltung, Verwaltung und Hierarchien in der Angestelltenstruktur sind genau solche Instrumente. Dahinter steckt die Vermutung: Vertrauen ist gut, Kontrolle ist besser.

Die bloße Notwendigkeit der Kontrolle zeigt aber, dass die Ziele von Angestellten und Firmen oft nicht die gleichen sind. Ein Verkäufer einer Filiale eines Modeherstellers würde sich vielleicht für das gleiche Gehalt auch gerne mit zwei bis drei netten Kunden pro Tag unterhalten, bei großem Interesse auch mal ein Kleidungsstück verkaufen und ansonsten einen angenehmen Tag verleben.

Was ihn davon abhält, sind zu einem großen Teil die Instrumente des Controllings: Am Monatsende werden die Verkaufszahlen mit denen vergleichbarer Zeiträume verglichen, und der Filialleiter wird Ziele aussprechen – die des Unternehmens. Werden diese durch den Mitarbeiter nicht adäquat verfolgt, so muss er sich dafür gegebenenfalls rechtfertigen.

Da ist der Schritt nicht weit, aus Unternehmenssicht zu schauen, ob das nicht smarter gelöst werden kann – und es werden Modelle entwickelt, die Ziele des Mitarbeiters und der Firma deckungsgleich zu bekommen. Das funktioniert in der Regel über Provisionierung. Wenn das Geschäft etwas verkauft und daran verdient, dann verdient auch der Mitarbeiter und ist hoffentlich motiviert.

Dieses System aber ist damit leicht erkennbar künstlich und wird immer von außen gesteuert, nämlich durch den Unternehmer, der die Angestellten für seine Ziele gewinnen will. Diese extrinsische Motivation ist aber nie so stark wie eine Motivation von innen – auch hier sitzen Angestellter und Arbeitgeber also nicht im gleichen Boot.

Erfahrene Controller berichten, dass diese Prozesse zeitweise gegen das eigentliche Ziel arbeiten: Wenn der Mitarbeiter provisionsgetrieben arbeitet, dann verweist er, auch wenn er verhindert ist, beispielsweise nicht unbedingt auf den Kollegen, der helfen und verkaufen könnte. Den Schaden hierbei trägt das Unternehmen.

Woher weiß eine Firma, dass ihr Mitarbeiter noch nie eine Packung Druckerpapier für den privaten Brief abgezweigt hat? Sie könnte ihm vertrauen; aber das genügt eben nicht: Der Mitarbeiter muss seine Unterschrift in die Büromaterialausgabeliste setzen.

Dass dabei keine Ziele des Mitarbeiters zur Selbstverwirklichung verfolgt werden, nicht einmal wirklich die Ziele des Unternehmens, wird in Kauf genommen.

Dabei entsteht dann zwangsläufig ein Tauziehen um die Ziele des Angestellten oder der Firma. Mehr Geld, mehr Freizeit, bessere Arbeitsbedingungen, mehr Verantwortung – oder: mehr Effizienz, unbezahlte Überstunden mit der Aussicht auf den nächsten Karriereschritt, der berufliche Wechsel nach Süddeutschland, der in der Wochenendbeziehung Konsequenzen für den Angestellten hat – all das sind Aushandlungsprozesse, die Konflikte heraufbeschwören können.

Und es sind Beispiele dafür, dass Arbeitgeber und Arbeitnehmer eben nicht im selben Boot sitzen.

3.

Die trügerische Sicherheit des Stundenlohns

In Europa und speziell in Deutschland hat nach dem Zweiten Weltkrieg ein nie da gewesenes Job- und Wirtschaftswunder stattgefunden. Jobs waren sicher, die Wirtschaft wuchs, und Lebensmodelle konnten langfristig gedacht werden. Aber den sicher geglaubten, lebenslang ausgeübten Job gibt es so kaum mehr.

Wer in den 1960er-Jahren seine Ausbildung im Hertie-Kaufhaus seines Ortes, bei Karstadt oder der Lufthansa begonnen hat, dessen Laufbahn war meistens vorgezeichnet. Er wurde übernommen, vielleicht befördert und hat maximal in seinem Berufsfeld noch einmal die Abteilung gewechselt. Die Vorstellung, dann irgendwann als Filialleiter in den Ruhestand zu gehen und seine Meriten zu feiern, war Ausdruck dieser tief empfundenen und gesellschaftlich verwurzelten Überzeugung von Sicherheit.

Als Angestellter haben Sie nur einen einzigen Einkommensstrom: Ihr Gehalt

Doch die Sicherheit des Angestelltendaseins kann auch völlig anders betrachtet werden:

> Von einer Einkommensquelle abhängig zu sein ist gefährlich!

Diese Umkehrung hat einen seltsamen Effekt, und Menschen sperren sich unwillkürlich gegen diese Aussage, denn in den meisten Köpfen ist es heute noch tief eingegraben, dass »Unsicherheit« und »Angestelltenverhältnis« ein Paradoxon sind.

Das fängt an, wenn ein Erwerbstätiger zu seiner Hausbank geht und dort verkündet, ein Reihenendhaus kaufen zu wollen und dafür einen Kredit zu benötigen.

Eine unbefristete Festanstellung ist da ein Vorteil. Selbstständige träumen oft von dieser Selbstverständlichkeit, sie müssen womöglich deutlich mehr Eigenkapital mitbringen, um etwa die Seriosität der eigenen Einkommensverhältnisse nachzuweisen.

Das ist keine Willkür der Bank, sondern dem Umstand geschuldet, dass Selbstständige und Unternehmer, auch wenn sie derzeit ein gutes Einkommen verbuchen, schon morgen nichts mehr verdienen oder gar Geld verlieren und so schnell in Schwierigkeiten geraten könnten, die Kredite zu bedienen.

Banken haben leistungsfähige Systeme wie »Basel III«, um ein sogenanntes »Rating« für die Kreditwürdigkeit eines Kunden zu errechnen; aber die Art zu denken trägt sich eben auch ein Stück weit in die verbreiteten Überzeugungen der Gesellschaft hinein. Risiken werden bei einem eigenen Business höher bewertet, als wenn man die Verantwortung für die eigene Kreditfähigkeit an einen Arbeitgeber abgibt.

Das aber ist längst eine Verklärung der Verhältnisse: Aushängeschilder der deutschen Wirtschaft wie die Lufthansa, Gründungsmitglied des DAX, Ikone des Wirtschaftswunders nach dem Krieg und Vehikel für die Träume von Millionen von Deutschen, die es geschafft hatten, in ferne Länder zu reisen, ist wegen anhaltender wirtschaftlicher Schwierigkeiten aus dem DAX abgestiegen.

Vielleicht ist die Zeit der sicheren Angestelltenverhältnisse auch in Deutschland längst im Ausklingen, während anderswo auf der Welt »Hire & Fire« immer schon Bestandteil einer lebendigen Unternehmenskultur war, so insbesondere in den USA.

Übrigens liegt der Niedergang so mancher als sicher angesehenen Konzerne auch an mangelnden Ideen dieser Unternehmen. Das, was sie dereinst groß gemacht hat, beispielsweise Ideen zu haben, Trends zu erkennen oder gar zu setzen, Innovationskraft und Wissen der Mitarbeiter zu nutzen und in die Umsetzung zu bringen, das fällt ihnen als Mechanismus zunehmend schwer.

Andere – wie etwa Tesla als von außen zerstörerisch auf die deutsche Automobilindustrie wirkende Kraft – setzen Wissen schneller um, denken unternehmerischer und sind an der Börse mehr wert als Daimler Benz, BMW und Volkswagen zusammen.

Da braucht es schon manchmal eine gute Portion rückwärtsgerichteten Denkens, um hier von der Sicherheit des Gehalts bei einem großen Unternehmen zu sprechen.

Verschiedene Business-Mentalitäten brechen in der Folge durch: In den Vereinigten Staaten gilt Start-up-Kultur als hoher Ausdruck der Schaffenskraft und eine gescheiterte Gründung als wichtige Erfahrung, die eher noch gewürdigt wird. In Deutschland ist das anders: Hier verbindet man mit einem gescheiterten Unternehmen eher ein Stigma und weniger den dazugehörigen unternehmerischen Mut, eher persönliches Scheitern als visionäres Denken.

Auch hier muss gefragt werden, ob in einer Zeit, in der durch die von der Digitalisierung getriebene Demokratisierung und Zugänglichkeit von Wissen und Informationen überall auf der Welt neue Geschäftsmodelle entstehen, in der die soliden Unternehmen und die als gesetzt angesehenen Lebensentwürfe immer mehr ins Wanken geraten, die Definition von Sicherheit in dieser Form überhaupt noch tragfähig ist.

Wenn aber der Deal »Sicherheit des Jobs im Tausch gegen ein Festgehalt« langsam, aber sicher aufgelöst wird, was ist er dann insgesamt in der Gleichung noch wert?

Wenn der Tausch von Sicherheit gegen bescheidenes Potenzial, eigene Ziele zu verfolgen, also wankt, wenn der Angestellte auf beiden Seiten Nachteile erfährt, weil er sein Potenzial und seine Leidenschaft womöglich für eine trügerische Sicherheit zurückstellt, dann ist das besonders tragisch, weil es sich für die Angestellten eben nicht so anfühlt.

Ein Angestelltenjob ist eben nur gefühlt sicher.

Auch Solo-Selbstständige verkaufen sich über ihren Stundenlohn

Aber nicht nur Angestellte, sondern auch Freiberufler und viele Selbstständige leben mit einer solchen Unsicherheit und erkaufen sich so mehr Potenzial, ihr eigener Chef zu sein. Sie bekommen deshalb auch kein Angestelltengehalt, sondern ein Honorar.

Die HOAI beispielsweise ist die »Honorarordnung für Architekten und Ingenieure«. Diese regelt, für welche spezifischen Leistungen (Art des Bauvorhabens, Umfang des Bauvorhabens und Planungsphasen etwa) welches Honorar veranschlagt werden darf. Zu erkennen ist eine direkte Verbindung zwischen Leistung und Honorar, die übrigens nicht selbstverständlich ist: Andere Freiberufler wie Webdesigner verhandeln ihr Honorar frei am Markt.

Architekten und Ingenieure sind gut beraten, sich eine solche Honorarordnung zu geben, die dazu noch Leistungen und nicht so sehr Stunden honoriert – so weit sind längst nicht alle Selbstständigen.

Damit macht die Ordnung Dinge automatisch vergleichbar, in der guten Absicht, die Honorare nach unten abzusichern und einen Preiskampf zu verhindern, der den Architekten schaden würde. Allerdings werden die Preise beispielsweise bei der HOAI auch nach oben gedeckelt, was nicht in jedem Fall positiv ist.

Nach dieser Honorarordnung macht es also – um nur einen Faktor der Berechnung herauszugreifen – einen Unterschied, ob ein Architekt eine Garage plant oder zehn Garagen in einer Reihe. Der Unterschied in der Leistung, das Gleiche zehnmal zu planen, ist vermutlich nicht so groß, die meisten Schritte sind wahrscheinlich wiederholend, und die Leistung nimmt damit nur geringfügig zu.

Leistungen schneller zu erbringen ist der unternehmerische Ansatz

Der grundsätzliche Anspruch, Dinge schneller zu tun bei gleicher Arbeit, ist ein unternehmerischer Ansatz. Wenn Sie Ihre Arbeit per Stundenlohn abrechnen, haben Sie einen eigenen Anreiz, Ihre Arbeit möglichst langsam zu verrichten – schließlich zahlt Ihnen das Ihr Kunde.

Dinge schneller zu erledigen macht Selbstständige erfolgreich, wenn sie auf die Denkweise der Unternehmer schauen und nicht auf die durch den Stundenlohn vorgegebene Zeitbindung der Angestellten: wertbasiert statt zeitbasiert arbeiten eben.

Stundenlohn schadet allen Beteiligten

Wenn die Zeit, die ein Selbstständiger beispielsweise für eine Arbeit aufwendet, ein wichtiger Faktor für den Kunden ist, um diese Arbeit einzuordnen und zu bewerten, dann schadet sich der Kunde damit selbst.

Ein Beispiel: Ein Physiotherapeut bietet eine neue Dehnübung an, die seinen Patienten in nur 15 Minuten von seinem Nackenschmerz befreit. Bevor er diese neue Übung anbot, musste ein Patient eine ganze Stunde aufwenden und war danach noch immer nicht völlig frei von Schmerzen.

Der erste Einsatz wäre für den Patienten der deutlich werthaltigere – wenn der Therapeut aber auf Basis eines Stundenlohns abrechnet, verliert er. Weil der Kunde von dieser Denkweise, die ihm in so vielen Situationen hilfreich erscheint und die so sehr verinnerlicht ist, kaum abrücken will, müssen Sie Ihr Geschäftsmodell anpassen – auch darum geht es in diesem Buch.

Es ist sinnvoll, dem Kunden zu helfen, auf den Wert der erbrachten Dienstleistung oder des Produktes zu schauen, damit er von seinem selbstschädigenden Verhalten der Zeitmessung ablässt.

Die Lösung: Sie bieten Ihrem Kunden eine Abkürzung. Denn wer Probleme löst, der verkauft seinen Wert, nicht mehr die Stunden. Wer sie schnell löst, verkauft teuer. Und Kunden sind sich in der Regel implizit oder explizit der Tatsache bewusst, dass sie es zwar durchaus wertschätzen, wenn ein Dienstleister viel Zeit auf die Dienstleistung verwendet, aber mit ihrer eigenen Zeit gehen sie doch deutlich wirtschaftlicher um. Daher schätzen Menschen Abkürzungen: Wer nimmt nicht mal eben das Auto für die fünf Minuten zum Büro, sichert sich das größere Stück Torte am Buffet oder wechselt an die gerade geöffnete Supermarktkasse. All das kann man unter »Abkürzungen zum eigenen Ziel« verbuchen, die Menschen gerne suchen. Diese bietet der gute Verkäufer und lenkt dabei auch von der Frage nach dem Stundenlohn ab.

Nebenbei unterstreicht ein solches Handeln auch die Kompetenz des Anbieters: Wer lange nach Lösungen suchen muss, der wird vielleicht vom Kunden als weniger kompetent angesehen.

4. Warum Stundenlohn-Arbeit krank macht

Burn-out und Bore-out sind zwei ungleiche Geschwister, die aber dennoch die gleiche Herkunft haben. Und sie sind beide eng mit der zeitbasierten Arbeit eines Stundenlohn-Modells verbunden.

Burn-out ist ein Ergebnis der Stundenlohn-Arbeit

Ein Burn-out gilt heute als schick: Wer noch keinen Burn-out hatte, der arbeitet nicht hart genug, so die Mutmaßung.

Die Diagnose selbst ist dabei gar keine richtige Diagnose, sondern eher ein Sammelbegriff für verschiedene Erscheinungen, der aber beispielsweise nicht im amtlichen ICD-10 als Krankheit aufgenommen wurde. Den ICD-10 kennt jeder Angestellte als Code auf dem Krankenschein, den der Arzt aushändigt. Auf der Version für die Krankenkasse steht dann verschlüsselt die Diagnose des Arztes. Steht dort der Code »Z73«, so handelt es sich um »Probleme mit Bezug auf Schwierigkeiten bei der Lebensbewältigung«, eine Sammeldiagnose also.[17]

So wird auf der einen Seite Burn-out beispielsweise als Beschreibung für rund 160 Einzelsymptome verwendet, die daher keine trennscharfe Zuordnung oder Abgrenzung zu anderen Krankheitsbildern wie einer Depression mehr zulassen. Auf der anderen Seite geht man davon aus, dass ein Burn-out eher gesunde Menschen trifft, die deshalb noch lange nicht krank sind. Am besten erklärt wohl das deutsche Wort »Belastungsdepression« den Burn-out.

Burn-out ist ganz allgemein ein Zustand, bei dem man nicht mehr mit der individuellen Arbeitsbelastung fertigwird, was noch kein grundsätzliches Problem sein muss, denn das hat vermutlich jeder einmal erlebt.

Doch bei anhaltender Überforderung können zunehmend negative Reaktionen und Krankheiten wie Depression, Suchterkrankungen und Persönlichkeitsstörungen gefördert oder gar ausgelöst werden. Man fühlt sich einfach schlecht damit, der Belastung nicht gerecht werden zu können – und das führt dann zum Burn-out. Auffällig ist, dass es sich beim Burn-out um eine immer häufigere Selbst- und Fremdbeschreibung handelt. Letzteres kann natürlich an der wachsenden Aufmerksamkeit für solche Beschwerden liegen, aber auch an einer sich verändernden Arbeitswelt. Immerhin wird im neuen ICD-11, der ab 2022 gelten soll, Burn-out definiert, und zwar als Syndrom aufgrund von »Stress am Arbeitsplatz, der nicht erfolgreich verarbeitet werden kann«.[18]

Worauf man sich sicher in einer groben Gesamtschau verschiedener Beschreibungen einigen kann, ist, den Burn-out als einen Erschöpfungszustand nach als zu viel empfundener Belastung zu beschreiben, der verschiedene körperliche und mentale Folgen auslösen und verstärken kann: Antriebslosigkeit, depressive Episoden oder ein allgemeines Gefühl der Niedergeschlagenheit etwa.[19]

So spielt in vielen Beschreibungen der Symptomatik des Burn-outs das Verhältnis der arbeitenden Menschen zu ihrer Arbeit eine große Rolle. Wer einen Job ausübt, der verbindet bestimmte Erwartungen mit dieser Tätigkeit in Bezug auf Herausforderungen, Anspruch und Selbstwirksamkeit.

Sind die Anforderungen des Jobs zu hoch und überfordern damit die Kompetenzen und die Energie des Menschen – übrigens auch in einem indirekten Bezug zur Arbeitszeit –, so führt das unausweichlich zu Stress. Dieser kann bei Angestellten schlecht reguliert werden, beispielsweise wenn der Chef zu viel verlangt.

Darunter kann die erlebte Selbstwirksamkeit des betroffenen Angestellten leiden: »Ich schaffe das nicht!«, so seine Wahrnehmung, anstatt »Das ist zu viel!«. Und daher arbeitet er noch länger und noch mehr, um seine Arbeit zu Ende zu bringen – ein Teufelskreis beginnt.

Aber auch Selbstständige haben hier oft Probleme. Die Abrechnung per Stundenlohn führt oft zur Überforderung, denn je mehr Stunden erbracht werden, desto mehr Geld wird verdient. Am Ende haben dann gerade Menschen, die viel leisten, zum Beispiel Anwälte oder Ärzte, zwar gutes Geld auf dem Konto, sind aber besonders burn-out-gefährdet.

Das führt dann bei beiden – Angestellten wie Selbstständigen – häufig zu einem zweiten Symptom des Burn-outs: Die eigene Leistungsfähigkeit und Wirkmacht wird zunehmend negativ betrachtet: »Je mehr ich arbeite, desto weniger schaffe ich« oder »Wenn ich mich noch mehr anstrengen würde, könnte ich mehr schaffen«.

Damit wird also nicht das Arbeitspensum hinterfragt, sondern die eigene Leistungsfähigkeit.

Hier schließt sich der Kreis, denn das zweite Symptom reiht sich ein in die Gruppe der ersten Symptome, nämlich einer zunehmenden Erschöpfung. Der Betroffene ist nicht mehr in der Lage, ausreichend Energie aufzubringen, oder er muss ein Übermaß seiner Energie dafür einsetzen, seinen Job zu erledigen. Hier schließt sich dann der Teufelskreis. Die zweite große Gruppe von Charakteristika, die nicht unbedingt in dieser Reihenfolge auftreten muss, sondern auch ausfallen oder parallel erscheinen kann, ist dann die sogenannte Depersonalisierung, bei der die Betroffenen einen zunehmend ablehnenden und oft auch zynischen Blick auf ihre Arbeit und die Kunden, Klienten oder – beispielsweise im Fall eines Lehrers – ihre Schüler entwickeln. Die Arbeit wird auch hier von der eigenen Person abgekoppelt, auch wenn sich dies anders äußert.

Die dritte Gruppe von Symptomen beschreibt dann die interessanteste Ausprägung: Die Betroffenen haben trotz großem Einsatz ihres

Wissens, ihrer Fähigkeiten und nicht zuletzt auch ihrer Energie das Gefühl, immer weniger zu erreichen.

All das legt durchaus nahe, dass der eigene Gestaltungsspielraum des Menschen etwas mit seiner möglichen Burn-out-Erfahrung zu tun hat. Dabei sind Selbstständige noch stärker gefährdet als Angestellte, weil sie durch dieses Mehr an Arbeit zwar die Grenzen der eigenen Wirkmacht sowie die unter dem Begriff »Erfolg« zusammengefassten Faktoren verschieben können (zum Beispiel Einkommen oder Anerkennung), möglicherweise aber damit auch den Umfang auftretender Stressoren nach oben schrauben.

Der Weg zu einem fortwährend motivierenden und Potenziale erhaltenden oder gar fördernden Job kann sich vielleicht sogar an der Vermeidung von Burn-out-Stressoren orientieren.

Angestellte haben im Vergleich zu Selbstständigen grundsätzlich die Möglichkeit, die eigene Verantwortung für den Job eher von der eigenen Person abzugrenzen und nach Feierabend eigenen Interessen nachzugehen. Aber auch hier lässt sich immer wieder eine pathologische Unauflösbarkeit der Verbindung zum eigenen Job aufzeigen, die Stress verursacht: »Habe ich heute im Job richtig entschieden?« Das trifft beispielsweise oftmals Ärzte, Therapeuten oder andere helfende und heilende Berufe wie Krankenschwestern, Lehrer und Sozialarbeiter.

Bore-out: müde durch Unterforderung

Das weniger prominente Geschwisterkind des Burn-outs ist der Bore-out. Dieser ist jedoch mindestens ebenso interessant, weil auch er sehr viel verraten kann darüber, warum manche Angestellte und Selbstständige im Job krank werden und Sehnsucht nach einer beruflichen Veränderung entwickeln. Ist aber der Bore-out das Gegenteil des Burn-outs, wie man nun denken könnte? Nein, dafür haben die beiden zu viel gemeinsam; das eigentliche Gegenteil beider Erscheinungen ist der »Flow«. Um das zu verstehen, zunächst ein Blick auf den Bore-out.

Unterforderung im Job kann einen Menschen ähnlich herausfordern wie eine Überforderung, die man dem Burn-out als Ursache zuschreiben würde. Unterforderung kann dabei die gleichen oder ähnliche Symptome aufweisen und trifft tendenziell eher ambitionierte und besser verdienende Personen.[20]

Vereinfacht lässt sich sagen, dass Langeweile im Job die Leute krank macht. Menschen, die unter einem Bore-out leiden, wirken nach außen in der Regel nicht besonders gelangweilt, sondern machen sogar Überstunden und berichten oftmals von ihrem stressigen Job. Die Probleme sind hier etwas anders gelagert: Es werden eher Unterforderung und ein Mangel an Aufgaben beschrieben, die das richtige Maß zwischen Herausforderung und Erreichbarkeit haben.

Das kann man sich ganz leicht vorstellen: Aufgaben, die man sofort erledigen könnte, fordern einen manchmal einfach nicht genug – manch einer schiebt diese Aufgaben vielleicht länger hinaus als andere, weil die Monotonie der eigentliche Berg ist, der überwunden werden soll. Dann kommen oft Verhaltensweisen dazu, die eine Abwärtsspirale der persönlichen Unzufriedenheit in Gang setzen: Die Betroffenen empfinden keine Leidenschaft für ihre täglichen Aufgaben, erfahren keine Anerkennung, weil sie weniger leisten, als möglich wäre, und können Anerkennung, wenn sie dann doch erfolgt, nicht gut annehmen, weil sie die Aufgaben als viel zu einfach empfinden. Sie erleben den Arbeitsalltag als zunehmend monoton und dumpf und haben das Gefühl, das Leben ziehe an ihnen vorbei ohne Höhepunkte und Lob.

Der entlarvende Satz für diese Personen – auch sich selbst gegenüber – kann sein: »Was wäre, wenn meine Arbeit völlig entbehrlich wäre?« Weiter entwickeln diese Personen bestimmte fixe Strategien des Umgangs mit anderen und geben sich überaus geschäftig, ohne jedoch emotional eine Bindung zur Arbeit einzugehen. Sie beneiden andere Menschen, die aufwendigere Aufgaben erledigen, distanzieren sich damit zunehmend vom eigenen Job und haben immer weniger Antrieb, ihre Arbeit sinnvoll zu gestalten. Dabei wird auch der eigene Anspruch oft als Störfaktor empfunden, weil man im Zustand der gefühlten Unterforderung mit diesem Anspruch bricht und sich als »faul« empfindet.

Da von einem Bore-out Betroffene aber überdurchschnittlich oft ambitioniert sind, gestehen sie sich das nicht ein und haben das Gefühl, diese Situation auch wenig beeinflussen zu können. Häufig sind das Menschen mit einem hohen Bildungsniveau, die in größeren Unternehmen mit eher straffen Strukturen angestellt sind. Selbstständige sind eher weniger betroffen vom Bore-out, weil sie sich in ein Mehr an Arbeit flüchten können, wenn die Auftragslage es zulässt oder sie sich andere Aufgabenfelder suchen können.

Bore-out-Betroffene geraten dann letztlich in eine Abwärtsspirale, entwickeln depressive Symptome, eine gewisse Antriebslosigkeit und können sich zunehmend weniger mit dem Job identifizieren. In der Folge werden die Ergebnisse der Arbeit – obwohl diese eigentlich leicht zu bewältigen wäre – schlechter, Anerkennung und beruflicher Erfolg gehen noch weiter zurück, und dies beeinflusst wiederum die eigene Wahrnehmung der Leistungsfähigkeit und der individuellen Gestaltungsmöglichkeiten.

Als Fazit kann festgehalten werden: Auch wenn beide Krankheiten verschiedene Schwerpunkte in der Berufstätigkeit haben – ein Burn-out ist schwerpunktmäßig eine Erscheinung bei Selbstständigen, ein Bore-out hingegen trifft häufiger Angestellte –, so zeigen doch beide sehr ähnliche Symptome und haben die gleiche Wurzel: ein unausgewogenes Verhältnis von Erwartungen an den Job, eigenen Gestaltungsmöglichkeiten und Herausforderungen, die der Job stellt.

Überlastung führt zur inneren Kündigung

Wer versucht, es allen recht zu machen, der tut dies mitunter zum Preis der Selbstaufgabe. »Es allen recht machen« muss dabei gar nicht als eine Form von anbiederndem oder servilem Verhalten verstanden werden, sondern als sehr häufig zu beobachtenden Zustand, dass man sich als Angestellter oder Selbstständiger eben in die Verhältnisse einfügt, die der eigene Job in genau dieser Konstellation bereithält.

Das ist auch gar nicht verwerflich – wenn alle auf der Tanzfläche Standard tanzen, sollten Sie nicht Tango tanzen –, aber es kann ratsam sein, die Konsequenzen zu bedenken. So neigen Menschen oft dazu, sich in einem System aus Kompromissen und im schlimmsten Falle gar Selbsttäuschungen einzurichten und damit die Regie über das eigene (Berufs-)Leben abzugeben – oder abgeben zu müssen.

Zwei Beispiele zur Illustration – das erste Beispiel zeigt den Weg eines Angestellten, das zweite den eines selbstständigen Solo-Unternehmers.

Die innere Kündigung des Lehrers: Ein verbeamteter Lehrer hat sich mit großer Entschlossenheit zu Beginn seiner Karriere für ein Lehramtsstudium entschieden, auf Anraten der Eltern zunächst, aber dann auch mit eigener Motivation und dem Willen, einen guten Job zu finden und diesen gut zu machen. Das Studium hat ihm Freude bereitet, und mit viel Elan ist er dann in seine erste Anstellung an einer Schule gegangen. Dort stellte er über die Jahre fest, dass die Lernbereitschaft der Schülerinnen und Schüler sehr unterschiedlich ausgeprägt ist. Die restriktive und autoritäre Auseinandersetzung mit den aus seiner Sicht lernunwilligen Schülerinnen und Schülern beansprucht mehr von seiner Zeit als die Förderung der guten Schülerinnen und Schüler.

Er sieht, dass er die Lernwilligen in dieser Zeit weniger fördern kann, als es ihm und ihnen guttun würde. Mit fortlaufenden Berufsjahren aber ordnet er dieses oppositionelle Verhalten der Schülerinnen und Schüler für sich zunehmend als von starken externen Faktoren bedingt ein – wie mangelnder Förderung im Elternhaus, exzessivem Medienkonsum und gesellschaftlichen Veränderungsprozessen, Perspektivlosigkeit der Kinder und im Elternhaus vorgelebter Resignation – und gibt seinen »Kampf« gegen diesen Lernunwillen zunehmend auf. Er akzeptiert die Gegebenheiten seines Jobs wie ein Naturgesetz.

Ein Aufstieg in der Hierarchie ist in der Schule kaum möglich und aufgrund verschiedener Parameter – kaum Mehrbezahlung, viel neue Verantwortung, Mangelwirtschaft im Schulsystem – wenig attraktiv.

Dieser Lehrer macht zunehmend Dienst nach Vorschrift, abseits der täglichen Konflikte um Arbeitsdisziplin der Schutzbefohlenen kann er sich für innovative Lernmodelle beispielsweise nicht mehr begeistern und verwaltet seine Aufgaben mit einem Minimum an Aufwand.

Er kündigt innerlich. Mit Glück hat er ein ausgleichendes Hobby oder ein erfüllendes Privatleben, das ihn weiter antreibt.

Die wachsende Unzufriedenheit eines Solo-Selbstständigen: Ein junger Mediengestalter macht sich selbstständig. Nach einer ruhigen Anfangsphase gelingt es ihm, durch viele unbezahlte Netzwerkveranstaltungen und intensive Kommunikation ein paar Kunden für umfänglichere Leistungen zu akquirieren. Er erledigt ihre Projekte mit viel Hingabe und übererfüllt die Anforderungen deutlich, sodass die Kunden ihre Projekte mit besten Ergebnissen innerhalb kurzer Zeit fertiggestellt bekommen. Die Kunden empfehlen ihn gerne weiter, er gewinnt an Selbstvertrauen gegenüber der eigenen Leistungsfähigkeit und Gestaltungskraft. So beginnt er Vorträge bei Institutionen zu geben und sich noch mehr zu präsentieren. Mehr und mehr Kunden werden auf ihn aufmerksam, dabei können auch etwas höherpreisige Projekte umgesetzt werden. Die Kunden platzieren Aufträge bei ihm, die er angesichts steigender Firmeneinnahmen und des wachsenden eigenen Kontostandes bereitwillig aufnimmt. Es läuft gut bei ihm.

Der junge Designer empfindet auch eine Verpflichtung gegenüber diesen Kunden, alle Aufträge wahrzunehmen. Zum einen, weil er der Überzeugung ist, sich am nun reichlich gedeckten Buffet bedienen zu wollen. Zum anderen aber auch, weil ihn die Aufträge reizen und er den weiteren Erfolg so selbst steuern kann: Er empfindet eine starke Selbstwirksamkeit und den eigenen Job als Erfüllung. Die Arbeit mit den Kunden bereitet ihm Freude, und mehr Energie bedeutet gleichzeitig mehr Gewinn.

Mit der Fülle der Aufträge steigt indes auch das Arbeitspensum, und dennoch wird die bewährte Taktik, den Kunden eine tendenzielle Übererfüllung zu gewährleisten, weiterverfolgt. Allerdings werden immer häufiger Deadlines durch den ambitionierten Mediendesigner nicht eingehalten, und er beginnt allmählich, die Erwartungen der Kunden nicht mehr vollständig zu erfüllen.

Kunden, die ihre Aufträge durch Verweis auf Deadlines oder durch wiederholtes Nachfragen dringlicher machen, werden »dazwischengeschoben«. Die Konsequenz ist, dass er beginnt, alle Kunden ein wenig schlechter zu bedienen und kleinere Rückschläge zu erleben. In der Masse der Aufträge fällt das zunächst nicht weiter auf, aber der Charme des eigenen Business geht ein wenig verloren. Erste Stadien des Burnouts zeichnen sich ab, und der so leidenschaftlich aufgebaute eigene Job verliert zunehmend seinen Zauber. Auch unser Mediendesigner hat manchem Kunden bereits innerlich gekündigt.

Er wurde von der sogenannten Wachstumsfalle eingeholt, und trotz gut laufendem Geschäft kann er immer weniger seiner Leidenschaft folgen, jener Eigenschaft, die ihn am Anfang womöglich stark gemacht hat. Denn das kleine Tal der wenigen Aufträge am Beginn vieler Selbstständigen-Karrieren konnte er allein mit Leidenschaft und ein wenig Euphorie überbrücken.

Bei den Protagonisten dieser beiden Beispiele ist es zum jetzigen Zeitpunkt der Betrachtung nicht klar, ob sie einen Burn-out, einen Bore-out oder keines von beiden erleiden. Aber was auffällt, ist, dass sie beide, trotz unterschiedlicher Karrieren und Herausforderungen, bezüglich ihrer eigenen Leidenschaft ein Risiko eingegangen sind.

Sie haben es nicht geschafft, diese Leidenschaft, die sie zu Beginn ihres Berufslebens angetrieben hat, zu konservieren; das ist zunächst nichts Ungewöhnliches. Jeder Mensch kennt vermutlich Momente in seinem Job, die ihn weniger antreiben. Wichtig ist es dann, Zwischenbilanz zu ziehen und wie bei einer einfachen Einnahmen-Überschuss-Rechnung zu sehen, was an Energie oder Leidenschaft eingezahlt wird und was dann abgezogen werden muss in Form von desillusionierenden oder motivationsschwächenden Momenten.

Die Leidenschaft, die Menschen in ein System des eigenen Jobs einbringen, kann also leicht verpuffen, und sie hat sogar das Potenzial, zur inneren Kündigung zu führen.

Die Frage, wie gut Sie sich in bestehenden Systemen einrichten können, bestimmt wesentlich Ihre eigene Resilienz gegenüber Herausforderungen der Über- wie der Unterforderung und hat in dem eigenen

Anspruch, den Job als Bühne der eigenen Leidenschaft zu nutzen, einen zweiten Risikofaktor zur Seite.

Das Konto der individuellen Nettoleidenschaft hat in beiden Systemen ein grundsätzliches Problem: Es wird als »Haben-Konto« geführt, man kann also kaum ins Minus kommen und dennoch weiterwirtschaften. Das betrifft Selbstständige, die sich nur selbst motivieren können und kaum Anerkennung und Lob für ihre Leistung erhalten, in besonderem Maße.

Erwarten Sie nie Dankbarkeit von der Firma oder den Kunden

Wenn der Zufluss von frischer Bestätigung, von Erfolg oder Kundenzufriedenheit versiegt, dann können Sie nicht lange von den Zinsen des bisher Erreichten zehren, denn die Dankbarkeit seitens des Unternehmens als Angestellter oder Ihrer Kunden als Selbstständiger ist flüchtig.

Selbstständige, die vielleicht in der Wachstumsfalle ihren Kunden erklären: »Der letzte Projektabschnitt hat zwar länger gedauert als versprochen, aber am Beginn des Projektes waren wir dafür immer vor den Deadlines«, lernen diese Lektion ebenso auf die harte Weise wie Angestellte, die sagen: »Ich war zehn Jahre für diese Firma tätig und nie krank oder zu spät, wie können Sie denn jetzt meine Stelle streichen? Ich habe immer all meine Leidenschaft in dieses Unternehmen getragen!«

Kunden und Unternehmen versagen Ihnen an dieser Stelle tendenziell die Loyalität und Dankbarkeit, weil sie dem Prinzip des Nutzenoptimierens folgen – wenn auch kaum bewusst. Es wird kein Konto mit Zinsen in Form von Anerkennung, Lob und Dankbarkeit gegenüber dem zuvor Geleisteten geführt; Anerkennung für die Leistungen lässt sich beim Unternehmen oder beim Kunden nur sehr bedingt speichern und ist ein flüchtiger Wert.

Das ist ein wenig wie mit der Windkraft, deren Ertrag gleich verbraucht wird und nicht gespeichert werden kann.

Geld kann Leidenschaft nur bis zu einem gewissen Grad aufwiegen

Aber wie speichert oder bewahrt sich der Lehrer aus dem ersten Beispiel jene Leidenschaft, die ihn zu seiner Studienwahl veranlasst hat? Es wird ihm schwerfallen, wenn nicht ständig die Leidenschaft neue Motivation findet. Das erleben viele Angestellte wie auch Selbstständige.

Selbstständige sind besser dran, denn sie haben einen privilegierten Zugang zu einem »Speichermedium«: Geld.

Geld ist für viele ein wachsender Wert, der Energien bündeln kann und an Leidenschaft gebunden ist: Wer mit viel Energie mehr arbeitet, wird meist auch mehr Geld verdienen. Wenn dann der Job zum Burnout geführt hat, weil zu lange über alle Kraftreserven hinaus gearbeitet wurde, dann ist immerhin noch das Geld da und dann lockt vielleicht das Sabbatical und damit die Chance, zumindest zeitweise der eigenen Arbeit zu entkommen.

Weil Selbstständige eher die gläserne Decke des Stundenlohns durchbrechen können, können sie oft mehr Geld speichern. Manchmal wird unterstellt, dass die Leidenschaft dem Geld folgt, dass zunehmender Gewinn, mehr Mitarbeiter und eine größere Firmenzentrale Erfolg anzeigen und die Leidenschaft dann irgendwie im Spiel sein muss.

Aber es schadet beiden Seiten, den Angestellten wie den Firmen und den Selbstständigen wie den Kunden, wenn die Leidenschaft in dieser Form nur im Bezug zum Geld steht.

Firmen leiden darunter, wenn ihre Angestellten nicht ihr volles Potenzial einbringen und ihre Anstellung nur als »Brot-Job« auffassen. Sie nehmen das in Kauf, weil dafür die Angestellten ihr Wissen und ein gewisses Maß an Energie und Leidenschaft investieren. Und die Angestellten richten sich in diesem System vielfach gut ein, weil es dafür ja Sicherheit und Bezahlung verspricht.

Selbstständige leiden auch, wenn ihre Leidenschaft nicht zur vollen Blüte gelangt, und akzeptieren das, weil der Kunde eben König ist. Ihre Kunden verlieren dabei, weil der Selbstständige eben nicht immer so engagiert ist, wie er sein könnte.

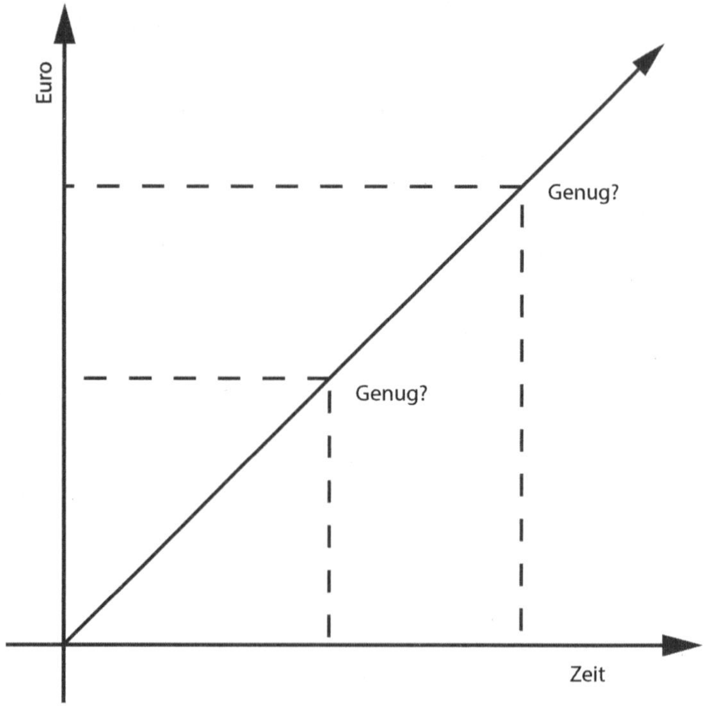

Abb. 2: Wann ist genug wirklich genug? – Ein höchst individueller und subjektiver Wert, der jedoch näherungsweise beschrieben werden kann.

Wann ist genug eigentlich genug?

Angestellte »High Performer« und Selbstständige können in eine weitere Unglücksfalle geraten: das Streben nach immer mehr Anerkennung, die sich in gut verdientem Geld zeigt.

Der englische Cambridge-Dozent John Nash hat dieses Streben analysiert und eine typische Falle erkannt. Er sagt, dass die Menschheit über Jahrtausende gut beraten war, nach immer mehr zu streben: In Zeiten des Überflusses ließen sich gut Vorräte anlegen für schlechte Zeiten, und der Wunsch, das Mammut statt den Hasen zu erlegen, konnte das

Überleben der eigenen Familie sichern. Der Titel seines Buches *Genug: Wie Sie der Welt des Überflusses entkommen* weist deutlich darauf hin.[21]

Heute haben wir einen Überfluss an Essen und Trinken, an materiellen Dingen, Sicherheitsbedürfnissen wie einem Haus über dem Kopf (aber dann auch gerne mit Pool und einem weiteren Haus in Spanien), Statussymbolen wie Autos und Schmuck, aber auch Informationen und Reizen. Laut Nash macht dieses Verhalten die Menschen krank, übergewichtig, unzufrieden, müde und arm.

Wann aber ist genug wirklich genug? Natürlich gibt es keine allgemeingültige Antwort, aber es kann hilfreich sein, sich hin und wieder folgende Fragen zu stellen: »Habe ich nicht eigentlich genug Anerkennung, Geld, gute Beziehungen? Brauche ich wirklich noch mehr davon?«

Abbildung 2 zeigt »Haltepunkte«, hier am Beispiel von Geld – aber eine ähnliche Grafik ließe sich eben auch für andere Themen wie Anerkennung, Bildung oder Beförderungen erstellen. Es lohnt sich oft, innezuhalten und sich zu fragen: Reicht es mir nicht schon?

Flow macht Sie in Ihrer Arbeit glücklich und zufrieden

Geld hat eine Übersetzungsfunktion. Es lässt sich gegen ziemlich viele Sachen eintauschen – gegen Arbeit und gegen Wohnraum, gegen Zeit und Sicherheit. Darum liegt der Fokus vieler Angestellter und Selbstständiger darauf, viel Geld zu verdienen – und davon eben nicht genug zu bekommen.

Wer viel Anerkennung für seine Arbeit erhält, kann diese oft auch analog in viel Geld ummünzen.[22]

Bei Leidenschaft denken manche Menschen anders und nehmen an, dass sich diese Leidenschaft schon mit dem Geld einstellen wird. Am Ende kürzen Menschen diese Gleichung dann wie folgt: Arbeit —> Geld —> Leidenschaft.

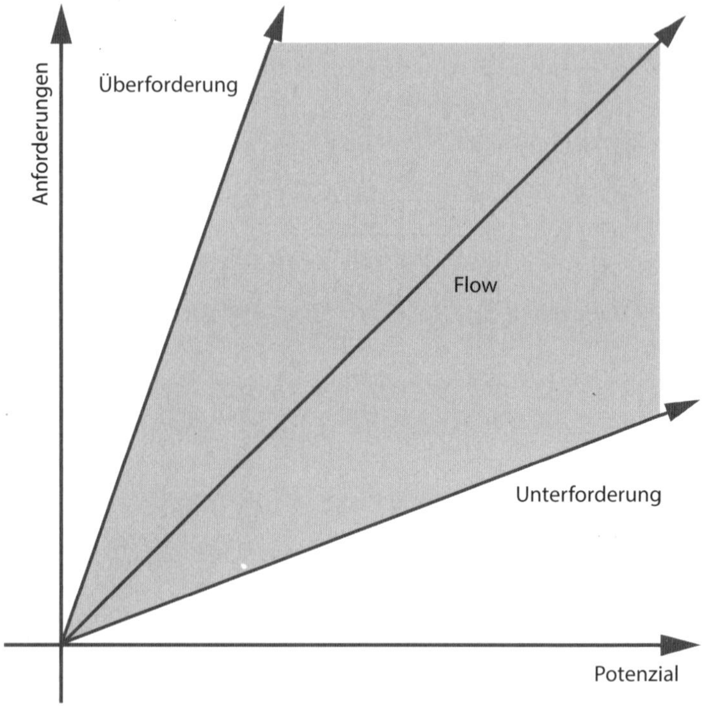

Abb. 3: Flow entsteht im Korridor zwischen Unterforderung und Überforderung, das rechte Maß macht ihn möglich.

Aber Vorsicht, das muss nicht so sein. Der amerikanische Autor Mihály Csíkszentmihályi ist Glücksforscher und eine Autorität auf diesem Gebiet. Er sagt, dass es einen bestimmten Zustand eines Menschen gibt, der sich mit einer Aufgabe oder Arbeit auseinandersetzt, die ihm besonders bemerkenswert erscheint: den Flow.[23]

Der Flow beschreibt das beglückend wirkende Erlebnis eines völligen Aufgehens in einer Sache, der vollständigen mentalen Vertiefung. Csíkszentmihályi hat diesen Zustand unter anderem bei Chirurgen oder Extremsportlern bemerkt.

Beobachtet man ein Kind im Spiel – und Erwachsene verlieren diese Eigenschaft im Übrigen auch nur zu einem Teil –, dann kann man diese gedankenverlorene völlige Vertiefung in den aus sich selbst heraus motivierenden Prozess beobachten. Ein Kind muss nicht zum Spiel gezwungen werden, das es sich selbst aussucht. Und es wird auch nicht den Montag verteufeln, weil es dann wieder spielen muss. Im Berufsalltag beschreibt Flow das vollkommen zufriedene Vorantreiben einer überaus motivierenden Tätigkeit.[24] Der Flow ist ein Zustand, in dem es weder Angst vor Überforderung noch vor Langeweile gibt.

Der Flow ist damit der optimale Zustand zwischen Burn-out als Ergebnis dauernder Überforderung und Bore-out als Ergebnis ständiger Unterforderung, wie Abbildung 3 zeigt.

5.

Wenn aus Ihrer größten Leidenschaft ein Business wird, merken Sie gar nicht, dass Sie arbeiten

Kapitel 4 hat gezeigt, dass im Flow-Erlebnis Zufriedenheit zu finden ist: Wenn es Ihnen gelingt, in Ihrem persönlichen Flow zu bleiben, während Sie arbeiten, und damit dann Geld zu verdienen, haben Sie Ihren Traumjob gefunden.

Arbeit fühlt sich dann nicht als Belastung an, sondern als Leidenschaft, und große Zufriedenheit stellt sich ein.

Und diese Zufriedenheit mit dem eigenen Beruf stellt keine andere Generation so sehr in den Vordergrund wie die Generation Z: Die heute über und unter 20-Jährigen haben ihren Fokus vielfach auf Möglichkeiten gerichtet, andere Lebensentwürfe hierfür zu finden, als die meisten anderen Generation vor ihnen.

Was macht diese Generation anders – und was können Sie von ihr lernen, auch wenn Sie einer anderen Altersklasse angehören?

Was Sie von der Generation Z lernen können – und was nicht

Die Generation X wurde mit Geburtsjahrgängen um 1960 bis in die früher 1980er-Jahre festgelegt. Diese Altersgruppe wuchs als erste seit Längerem ohne eine eigene Kriegserfahrung auf und in eine Gesellschaft im Aufbruch hinein.

Wirtschaftlich stießen diese Menschen dabei – zumindest die ersten Jahrgänge – auf schwache wirtschaftliche Situationen, in denen beide Elternteile arbeiten gingen, um den Lebensunterhalt zu bestreiten. Das gleichzeitig aufkommende Dienstleistungszeitalter – das beispielsweise große Kaufhäuser zu seinen Ikonen machte – bot sichere, aber wenig aussichtsreiche Berufschancen. In dieser Generation waren persönlicher Wohlstand, ein akademischer Aufstieg und die Nutzung von Statussymbolen das sichere Zeichen dafür, »es geschafft zu haben«.

Die nachfolgenden Generationen Y und Z waren in ihren frühen und persönlichkeitsbildenden Erfahrungen dann Nutznießer dieser Entwicklung und mussten sich kaum oder gar nicht mehr mit der wirtschaftlichen Not auseinandersetzen. Gleichzeitig wurde damit Armut oder der sehnsüchtige Blick auf den gesellschaftlichen Aufstieg weniger relevant. Vielmehr entwickelte diese Generation, getragen von der Globalisierung, dem Zusammenwachsen von Gesellschaften auf europäischer und globaler Ebene und der aufkommenden Digitalisierung, ein Gefühl der Verbundenheit mit größeren Systemen.

Kaum eine 18-Jährige kann es sich heute leisten, im Lebenslauf keine Auslandserfahrung anzuführen – sehr wohl aber den Verzicht auf das eigene Auto, das diese Generation nicht mehr als Statussymbol auffasst.

Besondere Ansprüche stellt die Generation Z (GenZ) an ihre Arbeit: Durch die geburtenschwachen Jahrgänge der zurückliegenden Jahrzehnte herrscht in Deutschland ein hoher Fachkräftemangel und durch die gute wirtschaftliche Entwicklung eine niedrige Arbeitslosigkeit. Die nun in den Beruf strebende Generation kann sich ihren Traumjob aussuchen und muss diesen dann auch nicht zwanghaft um Sicherheit bemüht behalten.

In diese fluiden Lebensverhältnisse passen die Errungenschaften der Digitalisierung optimal und wirken massiv verstärkend. GenZs sind kognitiv wie räumlich sehr mobil und wechselfreudig in Bezug auf ihre Lebensgestaltung. Ein Notebook ist dabei im übertragenen Sinne ein deutlich hilfreicherer Begleiter als eine 80-Tonnen-Stahlpresse oder eine Drehbank, und ein Job als Webprogrammierer bietet eher die Möglichkeit, orts- und kontextunabhängig zu arbeiten.

Ist das übrigens nicht der Traum eines jeden Menschen, der in der Stundenlohn-Falle steckt – auch wenn er einer anderen Generation angehört?

Diese Denkweise verleitet die GenZs jedoch nicht, deshalb eher selbstständig zu werden. Sie sind eher davon angetrieben, die Trennung von Job und Privatleben noch mehr aufrechtzuerhalten als ihre Eltern.

Diese Trennung ist gewollt und wird damit erklärt, dass die Eltern der Generation Z ihre Träume eben nicht erreicht hätten.

Diese Generation wird ihren Kurs in der Abwägung von Risiko und Rendite für sich finden. Was Sie von ihr jetzt schon lernen können, ist der intuitive Umgang mit den Errungenschaften der Digitalisierung. Kinder, die nach 1992 geboren wurden und deshalb zur Generation Z zählen, sind mit digitalen Medien als »Digital Natives« aufgewachsen und allen Generationen davor digital überlegen. Das kann man kulturkritisch betrachten und ihnen vorwerfen: »Mit jedem Kind vor einem Smartphone stirbt ein Abenteuer auf einem Baum« – oder man vertraut dieser Energie und dem Potenzial, die sich dahinter verbergen.

Insbesondere die Digitalisierung hat heute das Potenzial, Menschen aus Strukturen herauszulösen, ohne damit zwangsläufig zu einer Verflachung der zugehörigen Prozesse zu führen. Die Auswirkungen der Corona-Pandemie haben das überdeutlich gezeigt, als Forderungen nach einem Recht auf Homeoffice, Videokonferenzen statt Meetings und neue Wege zu Kollegen, Kunden und Experten durch eine extern ausgelöste, disruptive Kraft massiv beschleunigt wurden.

Die GenZs leben die Chancen der Digitalisierung – aber sie nutzen längst nicht das volle Potenzial.

»New Work«: Neue Wege der Arbeit machen zufriedener

In den Zeiten der Industrialisierung wurde die Arbeitsteilung zum Motor des technischen Fortschritts und der plötzlichen, massenweisen Verbreitung von Konsumgütern, oft auf den Schultern der Produzenten von Eisenbahnschienen, Autos, Konservendosen, Kühlschränken, Fernsehgeräten und Einmalprodukten.

Plötzlich konnte jeder fast alles haben, weil es in Fabriken immer wieder produziert werden konnte, in denen Arbeiter stets das Gleiche taten.

Die Dienstleistungsbranche als auf die Industrie folgende Leitbranche hat dann dieses Erfolgsmodell wiederholt und Menschen an Registrierkassen gesetzt, die erst nur fest ausgezeichnete Preise eintippten, dann Codes und später nur noch scannen mussten. So hat sich nach einem Heer von Fließbandarbeitern ein Heer von Dienstleistern entwickelt, das ebenfalls in festen Aufgaben verharrte.

Die Digitalisierung wird nun solche Modelle weiter aushöhlen. Menschen werden Aufgaben beispielsweise noch mehr denn je an Maschinen abgeben und sich neue Aufgaben suchen müssen, die nicht sofort von Maschinen schneller, genauer, besser und sparsamer erledigt werden.

Maschinen übernehmen heute schon zahlreiche Aufgaben: Vollautomatische Produktionsstraßen, digitale Diagnosesysteme für Ärzte, die Intelligenz von Google und Facebooks Algorithmen, die jede Marktforschung weit in den Schatten stellen, selbstfahrende Autos sind dafür einige Beispiele. Digitale Berufsbilder, die daraus entstehen, heißen »New Work«.

Plötzlich rücken Berufe oder Anteile beruflicher Tätigkeiten in den Fokus, die den Kern des Menschen wieder stärker hervortreten lassen: seine Kreativität beispielweise, die ihn aus den Savannen der Frühzeit auf den Mond geführt hat.

Die *Frankfurter Allgemeine Zeitung* beschreibt die Werte und die Kultur der Generation Z sowie der Gesellschaft, die sich aus ihr bildet, zutreffend:

»Gerade Young Professionals wollen ihr Leben nicht mehr der Arbeit unterordnen und fragen stärker nach ihrem Sinn. Ein Indiz dafür: Traditionelle Statussymbole wie Dienstwagen oder Einzelbüros rücken in den Hintergrund. Stattdessen wünschen sich Mitarbeiter mehr Mitbestimmung und Autonomie bei der Arbeitsgestaltung – sei es durch Gleitzeit, Homeoffice oder Auszeiten. Die Unternehmen tun gut daran, sich auf diesen Wandel einzulassen, jedenfalls wenn sie eine Chance im Kampf um die besten Köpfe haben wollen.«[25]

Es lassen sich einige Kernwerte dieser »neuen Arbeit« herausschälen. Diese zentralen Werte fordern Unternehmen wie Angestellte und Selbstständige in der Zukunft und bereits jetzt heraus; aber in jeder Herausforderung steckt auch immer eine Chance. »Never waste a good crisis«, so lautet eine amerikanische Redewendung.[26]

Im Folgenden werden die Kernwerte der »New Work« näher erläutert.

Agilität: Durch die Digitalisierung und die damit einhergehenden schnellen Veränderungen werden Unternehmen ebenso herausgefordert wie Angestellte. Veränderte Verhaltensweisen bei Medienkonsum, Kommunikationsgewohnheiten und Informationsbeschaffung sind die Konsequenz. Die Gesellschaft betrachtet die Digitalisierung einerseits extrem kritisch, beklagt andererseits aber zu langsame Entscheidungsprozesse und zu wenig Fortschritt.

Der smarte Unternehmer, Angestellte und Selbstständige bewahrt sich eine gewisse Freude an diesen Neuerungen und verlässt sich darauf, dass diese eigentlich gar nicht so neu, sondern auch immer wieder auf die gleichen Grundmuster zurückzuführen sind: Die Medien und die Technologien ändern sich, die Menschen aber bleiben die gleichen. Und das ist schließlich für Sie und Ihr eigenes Business eine Erleichterung: Wer ein Produkt hat und dieses verkaufen kann, der verkauft auch morgen mit anderen Plattformen noch; und wer Instagram verstanden hat, der wird TikTok umso schneller ergründen. Diese Systeme sind agil, auf der Mikroebene extrem schnell. Wer jedoch neugierig bleibt, den wird auch dieser Prozess nicht überholen; er kann sich sogar jederzeit einen Vorsprung erarbeiten.

Digital Literacy: Literacy heißt auf Deutsch »Alphabetisierung«, also eigentlich die Fähigkeit, zu schreiben. Genutzt wird der Begriff für die Digitalisierung eher als Metapher einer Kulturtechnik, die wie die Alphabetisierung den Zugang zu wichtigen Elementen gesellschaftlicher Teilhabe ermöglicht. So wie eine Person, die Analphabet ist, Schwierigkeiten in bestimmten Bereichen der Kommunikation hat oder manche Berufe kaum ausüben kann, so kommt ein digitaler Analphabet mit den neuen Kulturtechniken nicht ohne Weiteres zurecht.

Gleichzeitig wirken viele Menschen insbesondere im Berufsleben oft überfordert oder verweigern sich den Neuerungen, wenn sie mit der Notwendigkeit einer Digitalisierung ihres speziellen Fachs oder Berufsbildes, ihrer Firma oder ihres Privatlebens konfrontiert werden.

Auch Firmeninhaber, die über 40 Jahre lang ein Produkt oder eine Wertschöpfung erfolgreich durch alle Krisen manövriert haben, sind dann von der Digitalisierung herausgefordert und sperren sich mitunter sogar dagegen. Im Privaten erlebt man ähnliche Strukturen, in denen neue Technologien nur gegen Widerstände adaptiert oder gleich ausgeklammert werden (»E-Mails schreibt meine Sekretärin«).

Kennzeichen der Digitalisierung ist dabei, dass die Prozesse im Kleinen oft große Geschwindigkeit erreicht haben, so wie etwa das Versenden einer WhatsApp von Deutschland in die USA dramatisch schneller ist als beispielsweise ein Expressbrief per Luftpost. Dass die Prozesse im Großen dann auch eine höhere Entwicklungs- und Verbreitungsgeschwindigkeit annehmen, ist naheliegend.

Die Digital Literacy beschreibt das Vermögen der Beteiligten, sich selbstbestimmt und sicher und damit auch kritisch und zur Auswahl der geeigneten Mittel fähig der neuen Technologien zu bedienen. Die Fragen, die Sie sich stellen sollten, lauten: Welche Instrumente sind die richtigen für meine Zwecke, welchen Trends sollte ich folgen und welche kann ich getrost verpuffen lassen? Ähnlich wie bei der Alphabetisierung gibt es auch hier verschiedene Stufen der Nutzung: Kann ich leidlich lesen, um notwendige Informationen zu extrahieren, oder bin ich ein guter Leser? Schreibe ich gar selbst neue Geschichten?

Henry Ford, Automobilproduzent und unter anderem der Erfinder der Fließbänder in der industriellen Produktion, meinte:

> »Wenn ich die Menschen gefragt hätte, hätten sie sich schnellere Pferde gewünscht.«

Zwar gibt es auch ein wenig Neugier auf die Möglichkeiten der Digitalisierung, insbesondere ihr demokratisches Potenzial und die Veränderungen der Chancengleichheit, die Möglichkeit selbst Produzent statt Konsument zu sein, doch die Skepsis und das Vertrauen auf eingeübte Denkmuster bleiben im Vordergrund.

Für eine digitale Schreib- und Lesefähigkeit, die zum zielführenden Gebrauch der vorhandenen Mittel befähigt, genügt heute immer weniger Fachwissen. Längst finden die Instrumente mehr und mehr ihren Ausgang aus den geheimen Programmierstuben in den Alltag. Es ist heute nicht mehr notwendig, HTML, CSS und Javascript schreiben zu können, um eine grafisch und funktionell aufwendige Website binnen Stunden zu erstellen. Dafür gibt es Baukastensysteme, die kein allzu großes technisches Verständnis voraussetzen.

Holokratie: Hierarchien werden in vielen Unternehmen mehr und mehr abgebaut, flache Hierarchien gelten durchaus als fortschrittliches Management und als Instrument besserer anstatt wie früher schlechterer Führung, was in einem Wechselspiel mit der Generation Z weiter an Bedeutung gewinnen wird. An ihre Stelle treten Ideen, Kreativität und die »smarte Lösung«. Wichtig ist die damit einhergehende Demokratisierung des Wissens und der Möglichkeiten, selbst als Produzent von Inhalten aufzutreten, selbst als Anbieter von Lösungen, Dienstleistungen und Produkten in einen Markt einzutreten. Es wird ein wesentliches Element dieses Buches sein, Ihnen die Instrumente dafür bereitzulegen.

Sinnhaftigkeit: Den Sinn des eigenen Tuns neu zu betrachten ist eine der spannendsten Ausformungen der New Work. Unternehmen sind klassisch umsatz- oder gewinngetrieben. Die New Work richtet hier eher den Fokus auf den Beitrag, den das eigene unternehmerische Tun für eine sinnvolle Entwicklung der Gesellschaft leistet. Das ist schon deshalb interessant, weil sich durchaus die These vertreten lässt, dass ein Fokus auf den Wert, den ein Unternehmen für die Gesellschaft leistet, durchaus andere Werte nachziehen kann als nur monetären Erfolg. Abgesehen von der gesellschaftsrelevanten Komponente, abseits von Fragen der Nachhaltigkeit und gesellschaftlicher Verantwortung, steht die Frage dahinter, warum der Sinn dem Profit folgen sollte und nicht umgekehrt.

Wir sind der Überzeugung, dass der Wert der eigenen Arbeit in den Fokus der Unternehmensziele gehört, um den sich alles andere entwickeln wird; ein weiteres Kapitel in diesem Buch geht detailliert auf diesen Anspruch ein

Vielfalt: Dieser Begriff beschreibt den wachsenden Anspruch heutiger Berufstätiger, vielfältige Lebensentwürfe mit der Berufstätigkeit in Einklang zu bringen. Ausgehend von der gesellschaftlich verbreiteten Idee, dass ein Job dem Lebensunterhalt dient und man diesen wählt, um das notwendige Geld für die verschiedenen Bedürfnisse wie beispielsweise Sicherheit und Unterkunft, Ernährung, Freizeitgestaltung und private Weiterbildung, Hobbys und Kinder zu haben.

Berufstätige Frauen oder Alleinerziehende, junge Familien, die nicht mehr nur für die Arbeit leben wollen, der Wunsch nach dem beruflichen Sabbatical oder Arbeitnehmer, die nach 20 Jahren feststellen, dass ihre Karriere doch nicht alle ihre Fragen nach dem Sinn des Lebens beantwortet – sie und viele weitere Ideen werden getragen von der Frage nach der Vereinbarkeit von Job und Leidenschaften, Interessen und Ideen. Alle weiteren Elemente der New Work gehen in dieser sehr grundlegenden Fragestellung auf: Digitalisierung und die Unabhängigkeit von Arbeitszeiten und Arbeitsorten, neue Formen der Arbeitsorganisation außerhalb von Unternehmensstrukturen und damit einhergehend ein

Trend hin zu Homeoffice, Remotework[27] und wertbasiertem Arbeiten anstelle der Stempeluhr.

Permanent Beta: Auch das ist ein spannender Begriff, dessen Verständnis viel zur Gestaltung des eigenen, zu Beginn unperfekten Selfmade-Jobs beitragen kann. Betaversionen sind beispielsweise im Softwarebereich noch nicht fertiggestellte Frühversionen, die etwa zur weiteren Testung bereits herausgegeben werden, an eine kleine Gruppe von Entwicklern oder Anwendern, gegebenenfalls auch bereits an alle potenziellen Nutzer.

Im Softwarebereich ist es auch Usus, solche Schritte zu gehen und nicht finale Produkte herauszugeben. Das kennt jeder, der ein Betriebssystem wie Windows oder Mac OS auf seinem Computer nutzt und Software-Updates abwartet, wenn er den Rechner ausschaltet. Obwohl etwa Microsoft als leuchtendes Beispiel dieser unternehmerischen Geschwindigkeit dienen kann und mitunter sicher des Öfteren schon den Endverbraucher auf diesem Weg in die Entwicklung miteinbezogen hat, ist das grundsätzlich kein verwerfliches Verhalten. Vielmehr ist Software eben nie fertig und gleichzeitig maximal fluide und passt sich im Fall von Betriebssystemen beispielsweise an Sicherheitsherausforderungen der Hacker und Virenentwickler an, die ebenfalls immer »besser« werden.

Ähnlich verhält es sich mit den meisten digitalen Produkten, die immer schneller versioniert und weiterentwickelt werden. Das Charmante daran ist die Einstellung, Produkte eben als »niemals fertig« zu betrachten und auch mal zu wagen, den Kunden in den Entwicklungsprozess einzubeziehen. Bei einer Mars-Rakete würde das hoffentlich im Interesse der Astronauten niemand tun – doch beim eigenen Wissen kann da ein weiterer Nutzen für den Kunden entstehen, der seine eigenen Bedürfnisse und Vorstellungen in das Produkt einbringen kann und dieses dann – eine klassische Win-win-Situation – sogar lieber abnimmt.

Work-Life-Blending: Work-Life-Blending schließlich ist die Grundforderung der New Work an der Schnittstelle zwischen Beruf und Privatleben. Wo die Work-Life-Balance den Ruf nach einer Vereinbarkeit von Arbeit und Leben als zwei im Grunde voneinander getrennten

Sphären in den Fokus rückt, ist Work-Life-Blending der Ansatz, der beides miteinander in Verbindung bringt. Beim Tee und beim Whisky kennt man den Begriff »Blend« als Mischung verschiedener Sorten, was in aller Regel dazu dient, die gewünschten Eigenschaften von zwei ähnlichen Grundstoffen zu einem größeren Ganzen zu vereinen.

»Lebe nicht, um zu arbeiten, sondern arbeite, um zu leben!« – diese Redewendung ist das Motto der Generation Z. Eigentlich stellt sie eine Forderung für eine gelungene Work-Life-Balance auf – und führt damit womöglich doch in die Irre. Denn die neue Art zu arbeiten fordert in Konfrontation mit diesem Satz, diesen Gedanken der Trennung von Arbeit und Leben zu überwinden und durch eine gelungene Integration beider zu ersetzen: Wer acht Stunden seines Tages in seinem Job verbringt, sollte diesen tatsächlich leben und nicht vom eigenen Dasein abspalten.

Was Sie von der Generation Z lernen können

Diese Kernwerte der Generation Z zeigen Ihnen Ihren eigenen Weg zum Selfmade-Job. Sie begleiten Sie auf Ihrem Weg zur Unabhängigkeit.

Diese Generation von jungen Menschen, die für sich das Verhältnis zwischen Arbeit und Leben neu verhandelt, bringt interessante Aspekte ein, die es ermöglichen, auch dann, wenn Sie selbst schon 20 oder 30 Jahre angestellt oder selbstständig sind, eine positive Wendung Ihrer Arbeit einzuleiten, die nicht nur das ganze Verhältnis zwischen Leben und Arbeit neu gestaltet, sondern auch bestehende Systeme erfolgreicher und angenehmer machen kann: mehr Freude am Job, mehr Erfolg, bessere Resultate vor allem für Selbstständige, eine Hinwendung zur wirklichen Leidenschaft und die Chance, das zu tun, was man wirklich gern macht – für Angestellte wie für Selbstständige.

Was man von der Generation Z dabei tatsächlich lernen kann, ist, dass die Menschen dieser Altersklasse sich eben nicht dem gesellschaftlichen Diktat unterwerfen und einen Job ausüben, der ihnen keinen

Spaß macht, und diesen dann bis zur Verrentung behalten, sondern dass sie sich ihrer Entscheidungsmöglichkeiten stärker bewusst sind als jede Generation vor ihnen.

Das kann übrigens auch zum Problem werden, weil eine solch große Auswahl an Möglichkeiten auf jeder erdenklichen Ebene Entscheidungen immer auch erschwert, beginnend bei den stets größer werdenden Konsummöglichkeiten und den wachsenden Angeboten an Wissen und Unterhaltung bis hin zur privaten und beruflichen Mobilität über Länder- und Kontinentgrenzen hinweg und den modernen Kommunikationsformen.

Angehörige der Generation Z sind die Ersten, die als Digital Natives mit dem Smartphone aufwachsen und Vorteile wie Nachteile dieses ganzen Universums an Optionen in einem Endgerät als Realität erfahren.

Interessanterweise werden die GenZs so beschrieben, dass sie ihre persönliche Freiheit, die für diese Generation angenommen wird, bei der Berufswahl aufgeben und sich lieber einen ruhigen, spießigen Job in einem mittelständischen Unternehmen suchen, als die Selbstständigkeit anzustreben, die ihrem Freiheitsdrang durchaus Optionen eröffnen würde.

Der Vorteil des Angestellten-Jobs liegt für sie in der Ruhe – ein loyaler Vorgesetzter ist wichtiger als Karrierechancen oder ein Dienstwagen. Weil die Unternehmen und die Kunden selbst kaum mehr so loyal sind, ist das eine logische Konsequenz aus Sicht eines Angehörigen dieser Generation.

Die typischen GenZs binden sich daher weniger stark an ein Unternehmen oder an einen Job. Und sie sind digital unterwegs, lassen sich vielfach inspirieren und zeigen eine bemerkenswerte Neugier auf neue Entwicklungen. Das ist sicherlich eine Stärke.

Dass die GenZs dabei in Bezug auf ihre Berufswahl noch mehr als die Generationen davor in die Stundenlohn-Falle zu tappen scheinen, kann man ihnen einerseits auf Basis dieser Überlegungen kaum vorwerfen.

Andererseits ist diese Generation noch zu jung, um aus den in verschiedenen kleinen Studien erfolgten Befragungen zu ihren Zukunftsplänen sicher abzuleiten, ob sie sich später nicht doch vermehrt für die Vorteile einer Selbstständigkeit entscheidet – zumal einer solchen, wie wir sie hier als Selfmade-Job beschreiben, der sich nicht auf Abhängigkeiten und eine starre Bindung, sondern auf Freiheit und Gestaltungsspielräume fokussiert.

Die Forderungen der New Work stellen genau diese Schnittstelle her und fragen nach den individuellen Optionen des Work-Life-Blending. Man könnte fast sagen, sie vervollständigen an vielen Stellen die Sehnsucht der GenZs nach einer beruflichen Aufgabe, die eben doch ihren wahren Interessen entspricht und ihnen die Möglichkeit bietet, sich dort mit ihren speziellen Interessen zu verwirklichen.

Der unperfekte Selfmade-Job

Für den Angestellten, der seine individuelle Leidenschaft in seinem Job nicht erfüllt sieht, liegt die Antwort darauf im selbst gestalteten, unperfekten Job, in der nach einigen wenigen Grundideen ausgerichteten, smarten Ausformung der eigenen Selbstständigkeit. Das sollte mit Bedacht geschehen und nicht überstürzt werden.

Ein solcher selbst geschaffener Job kann nebenbei stattfinden, am Feierabend zum Beispiel, und sollte ein wenig spielerisch vonstattengehen. Nehmen Sie die Sache nicht so ernst, so wie die GenZs. Auch das kann ein lohnenswerter Leitgedanke sein.

Für den Selbstständigen – ob er es schon war oder nun werden möchte – liegt die weitere Antwort darin, wie ein Unternehmer zu denken und zu agieren, aber dabei eben smart zu handeln.

Ersetzen Sie im Wort »selbstständig« das Wörtchen »selbst« durch »mit smarten Systemen« und »ständig« durch »wenn ich in meinem Flow bin«: Schon verliert die Selbstständigkeit viele ihrer schlechten Eigenschaften und vermeintlichen Risiken.

Success-Story Ergotherapiepraxis

Ein Beispiel aus unserer Beratungstätigkeit: Eine Ergotherapeutin sprach uns an, ob wir für sie zunächst nur Videos erstellen könnten. Sie hatte die Idee entwickelt, zusätzlich zu den von ihr und ihren Angestellten geleisteten Tätigkeiten der Ergotherapie, beispielsweise der Behandlung von rheumatischen Erkrankungen oder der Wiedererlangung von bestimmten Fertigkeiten nach Unfällen, Videos für ihre Patienten zu bieten. Diese Idee, das eigene Business weiterzudenken, begeisterte uns nicht nur als Dienstleister für die Erstellung der professionellen Videos; so spannen wir mit unserer neuen Kundin im ersten Gespräch die Idee bereits deutlich weiter.

Ein System, das als Abonnement den Patienten einen messbaren Erfolg beispielsweise der Genesung anbot, weil die Behandlungen auch zu Hause präzise nachvollzogen werden konnten, zudem eine deutlich häufigere und präzisere Wiederholung der Übungen für die Patienten und darauf aufbauend die Entwicklung weiterer, für die Branche innovativer Geschäftsmodelle und Kooperationen – all dies führte die Kundin auf einen völlig neuen Weg ihrer Selbstständigkeit. Sie konnte Geld automatisiert mit dem Kern ihres Wissens verdienen, löste einige Problem ihrer Kunden und digitalisierte einen Beruf, der eigentlich nur durch zusätzliche Angestellte und mit mehr Risiken mehr Umsatz und Gewinn versprach – oder einen Job, der von ihr selbst zeitbasiert und über die Krankenkasse abgerechnet werden konnte. Dabei war ihre schönste Rückmeldung: »Wenn man es einmal verstanden hat, unternehmerisch und dennoch in smarten Systemen zu denken, dann verändert das alle anderen Prozesse zum Positiven.«

»Ich geh' halt gern im Wald spazieren« – was aus Leidenschaft entsteht, kann Basis Ihres Selfmade-Jobs sein

Peter Wohlleben interessierte sich schon früh für Pflanzen, Tiere und den Naturschutz. Er entwickelte im Kindesalter den Wunsch, einen Beruf in dieser Richtung zu ergreifen. Seiner Idee, Biologie zu studieren, folgte er auf Anraten und Wunsch seiner Mutter dann jedoch nicht, sondern wählte eine Anstellung bei der Landesforstbehörde Rheinland-Pfalz mit der Möglichkeit einer Ausbildung zum Diplom-Forstingenieur. Nach einigen Jahren als Büroleiter eines Forstamtes wurde er dann nach eigener Aussage in sein »Traumrevier[28]« versetzt.

Hier konnte Wohlleben seiner frühen Leidenschaft des Naturschutzes mehr Raum geben und setzte weitreichende Änderungen der Bewirtschaftung dieses Reviers um. Er konnte beispielsweise Teile des Waldes als Friedwald ausweisen und damit Eingriffe des Menschen weitgehend verhindern, was eine Rückkehr zu einem langsam wachsenden europäischen Urwald bedeutete. Obwohl – oder weil – Wohlleben damit auf den ersten Blick eigennützig seiner persönlichen Leidenschaft und Passion mit viel Energie entsprach, kehrte das Forstrevier, das er bewirtschaftete, gleichzeitig in die Gewinnzone zurück, die zuvor lange nicht erreicht worden war.

Etwas fällt auf: Seine Leidenschaft hat auch seinem Arbeitgeber einen großen Nutzen gebracht. Das Revier wurde wirtschaftlich gestärkt und über seine Grenzen hinaus bekannter gemacht. Neue Bewirtschaftungsformen wurden hier etabliert und sorgten für fachliches wie allgemeines Interesse.

Dennoch beschreibt Wohlleben auch die Grenzen dieser Leidenschaft: »Damit ich weiterhin ohne Kompromisse wirtschaften und auch über die Hintergründe der Misswirtschaft anderenorts erzählen konnte, kündigte ich am 1. Oktober 2006 meine Beamtenstelle auf Lebenszeit bei der Forstverwaltung. Da zeitgleich auch die Gemeinde Wershofen das staatliche Korsett ablegen wollte, stiegen wir gewissermaßen zusammen aus, wobei ich in ein Angestelltenverhältnis übernommen wurde.«[29]

Ohne Kompromisse jedenfalls wollte Wohlleben seiner Leidenschaft folgen, das wird deutlich. Und das ging nur in einer Weiterentwicklung der eigenen Lebenssituation, hier eben auf beruflicher Basis. Er schuf sich seinen eigenen Selfmade-Job.

In diesen Jahren hat Wohlleben auch damit begonnen, über seine Überzeugungen zu sprechen und zu schreiben; er hat Touren für Kinder und Erwachsene mit umweltpädagogischem Hintergrund veranstaltet und ist Buchautor geworden. Damit entwickelte er sich schnell zum Bestsellerautor und konnte nun seinem frühen Ideal, als Naturschützer für die Wunder der Natur und ihren Erhalt zu sprechen und einzutreten, nachkommen.

Peter Wohlleben entwickelte seine Karriere als Autor, häufiger Fernseh-Talk-Gast und dann später auch in eigenen Sendeformaten im Fernsehen parallel zu seiner Angestelltentätigkeit. Er schaffte sich ein zweites Standbein, ohne seine Anstellung zunächst aufzugeben.

Eine besondere Wendung hielt das Schicksal dann auch noch für Wohlleben bereit: Aufgrund eines Burn-outs und einer Herzerkrankung musste er sein Revier schließlich aufgeben und hat sich auf der Suche nach anderen Einkommensquellen zunehmend noch einmal neuen Themen gewidmet.

So hat er einen neuen Tätigkeitsschwerpunkt in seiner »Waldakademie Hummel« gefunden, die seinen Naturschutzgedanken in Seminaren, in geführten Wanderungen und Publikationen weiterträgt. Letztlich hat sich Wohlleben als Selbstständiger und sicher auch vom eigenen Erfolg in diesem Bereich getragen als Unternehmer wiedergefunden. Weil er seinen alten Beamten-Job nicht mehr ausführen wollte, bedeutete das zweite Standbein als Selbstständiger für ihn aber keinen Aufbruch in ein reines Risiko, sondern verlieh ihm vor allem im Nachhinein betrachtet vor allem mehr Sicherheit.

Vielleicht würde Peter Wohlleben heute dem französischen Dramatiker Nicolas Chamfort zustimmen: »Durch die Leidenschaften lebt der Mensch, durch die Vernunft existiert er bloß.«[30]

Das Einzige, was Ihnen vielleicht noch fehlt, ist der Mut

Ist Ihnen schon einmal aufgefallen, dass in einem Arbeitsverhältnis derjenige, der seine Arbeit in das System gibt, der Arbeitnehmer ist und derjenige, der diese Arbeitskraft nimmt und zu einem Gewinn macht, der Arbeitgeber?

Sprache ist stets Aushandlungssache, und in Worten sind häufig gesellschaftlich verbreitete Überzeugungen und anerkannte Normen niedergelegt. Der Arbeitnehmer ist passiv, er nimmt die Arbeit entgegen, die er bekommt. Der Arbeitgeber ist aktiv und bestimmt die Arbeit und die Ziele. Da liegt in der Klarheit der Sprache erstaunlich viel Wahrheit.

Worte und gesellschaftliche Normen festigen hier einen Zustand, den unser Wirtschaftssystem dringend erhalten muss: Jedes Unternehmen mit Ausnahme von Solo-Selbstständigen hat immer mehr Arbeitnehmer als Arbeitgeber. Oder anders gesagt: Es gibt deutlich mehr Indianer als Häuptlinge.

Das ist so lange in Ordnung, wie beide Seiten damit zufrieden sind und ihre individuellen Ziele erreichen. Dennoch bedeutet diese passive Rolle Einschränkungen der Gestaltungsmöglichkeiten des einzelnen Angestellten, die für den Arbeitgeber wichtig sind, für den Arbeitnehmer aber hinderlich.

Im Unternehmen kann eben nicht jeder Mitarbeiter einfach tun, wonach ihm gerade ist – sondern er muss sich in die Struktur einfügen, die der Arbeitgeber vorgibt. Der Angestellte arrangiert sich oftmals leidlich und nimmt es mit Blick auf andere Ziele und den sicheren Lohn in Kauf. Im Konsens ist das in Ordnung und weithin akzeptiert. Auf einer Tanzfläche läuft alles gut, solange alle Walzer linksherum tanzen. Schwierig wird es, wenn einer dazwischen Freestyle tanzt.

Verlässt ein Angestellter die Vorgaben des Arbeitgebers zu sehr, muss er sich anhören: »Sie sind unführbar!«

Manchem erscheint dieser Satz als Kritik, für einen anderen wäre er vielleicht sogar ein Lob. Wenn Ihnen dieser Satz in einem Mitarbeitergespräch bereits begegnet ist, dann sollten Sie sich tatsächlich fragen, ob das Angestelltenverhältnis das Richtige für Sie ist. Schließlich ist ein Mitarbeitergespräch ein verbreitetes Instrument, um die Vorstellungen von Arbeitgeber und Arbeitnehmer bezüglich der Ziele der eingesetzten Arbeitskraft möglichst deckungsgleich zu bekommen. Wenn das nicht gut funktioniert, entsteht Redebedarf – oder Veränderungsbedarf, und zwar auch bei milderer Kritik oder eigenem Unbehagen. Aber unangepasst zu sein, eigene Ziele zu verfolgen oder gar andere als das Unternehmen – selbst sich das nur einzugestehen erfordert Mut.

Trotzdem oder gerade deshalb ist ein Blick auf die eigenen Möglichkeiten zur Zielerreichung wertvoll. Ist die eigene Rolle, der eigene Job zur Erreichung der persönlichen Lebensziele überhaupt geeignet?

Diese Frage sollten Sie sehr mutig und selbstbewusst beantworten – es geht schließlich um Sie selbst. Dann, und das ist der große Benefit dabei, beantwortet sich fast nebenbei auch die Frage, warum manchen Menschen die Fähigkeit, die eigenen Ziele beruflich und darüber hinaus zu erreichen, scheinbar zufliegt und anderen nicht.

Sind Sie zum Selbstständigen oder gar zum Unternehmer mit eigenem Business geeignet, zum Schritt aus dem Stundenlohn? Haben Sie das Selbstbewusstsein, den Mut dazu?

Zwei Formen von Selbstbewusstsein machen Sie unabhängig

Selbstbewusstsein ist ein Homonym, ein »Teekesselchen«.

Es gibt einerseits die Definition: »Der ist aber selbstbewusst.«[31] Das beschreibt eine positive Selbsteinschätzung eines Menschen gegenüber den eigenen Fähigkeiten und der eigenen Wirkkraft – unter Umständen sogar bis in die Überschätzung derselben.

Und dann gibt es das Selbstbewusstsein als eine rein wertfreie Einschätzung der eigenen Position, Rolle und Persönlichkeit.[32] Diese ist eher quasi-objektiv angelegt. »Quasi«, weil es ja doch letztlich vom Individuum allein geleistet wird, aber es dabei um Objektivität bemüht ist.

Die erste Definition offenbart also, wo Sie hinwollen, und die Stärke, die dafür notwendig ist, stammt aus Ihrem Selbstbewusstsein. Die zweite Definition zeigt Ihnen demgegenüber, wo Sie derzeit stehen und wie Sie sich selbst sehen.

Wie diese objektive Bestandsaufnahme funktioniert, hat schon die Philosophen Immanuel Kant und Georg Wilhelm Friedrich Hegel beschäftigt. Hegel hat sich besonders angeschaut, wie der Mensch diese Objektivierung seiner eigenen Position und Rolle gestaltet und sich dadurch »seiner selbst bewusst« wird. Als Aufklärer interessierte ihn zudem, welche Mechanismen dafür sorgen, dass diese Rollen des Individuums gefestigt wurden, weshalb es sich einfügt. Die Aufklärer waren stets skeptisch, wenn etwas so war, »weil es so ist«, und wollten die Menschen bestärken, die eigene Rolle neu zu denken.

Hegel beschreibt, dass der Mensch sich vor allem durch seine Beziehungen zu anderen Menschen und seine gesellschaftliche Rolle einordnet. Sein Beispiel ist das des Herrn und des Knechts. Beide ziehen ihr Selbstbewusstsein wesentlich aus der Beziehung zum jeweils anderen.[33]

Und beide sahen damals ihre Rolle als unumstößlich: Der Herr befiehlt, der Knecht empfängt. Das macht er so, weil seine Rolle in seiner Betrachtung gottgegeben ist, weil er die Konsequenzen des Herrn fürchtet und weil er als Knecht ohne Hof allein kein Auskommen hat. Der Knecht befindet sich in einer großen Abhängigkeit vom Herrn.

Natürlich sind Angestellte von heute keine Knechte ihrer Arbeitgeber mehr, und dazu haben nicht zuletzt die großen Aufklärer ihren Beitrag geleistet. Doch ist die Frage interessant, was denn heute die Strukturen aus Arbeit-Geben und Arbeit-Nehmen eigentlich festigt. Geblieben sind die Sorge vor den Konsequenzen, die Abschätzung von Risiko und Rendite und ein Restmaß an Abhängigkeit.

Nicht nur die zitierte Wortspielerei um Arbeitnehmer und Arbeitgeber, sondern viele andere Mechanismen sorgen dafür, dass viele Angestellte die eigene Situation fehlerbehaftet einschätzen und daher akzeptieren, dass sie sich im Job nicht erfüllt fühlen, das Wochenende herbeisehnen und dennoch ihrer Rolle ergeben bleiben.

Das äußert sich im Gedankengerüst dann zum Beispiel durch folgende Sätze:

»Ich bin halt nicht zum Selbstständigen geschaffen.«

»Ich habe den Mut nicht dazu.«

»Das fällt mir nicht so zu wie der oder dem.«

Da braucht es die zweite Stufe des Selbstbewusstseins, um nach ehrlicher Analyse der ersten Stufe (»Ich bin in meiner Rolle unzufrieden und verschenke mein Potenzial!«) dann die zweite Stufe in Angriff zu nehmen, sich selbst das Potenzial zuzuschreiben, die eigene Leidenschaft und sein volles Potenzial zu nutzen und sich zu trauen. Angestelltenverhältnisse maskieren dieses Potenzial häufig, arbeiten sie sich doch oft an der Grenze zwischen den Zielen der Firma und jenen der Angestellten ab.

Wer nie die eigenen Ziele verfolgt und erreicht, dessen Selbstbewusstsein wird dadurch nicht sonderlich gestärkt.

Es muss also gelten, beide Stufen von Selbstbewusstsein zielgerichtet zu bearbeiten: erstens sich seiner selbst bewusst zu werden und zu sehen, wie die persönliche Einbindung in das System mit den eigenen Zielen korrespondiert, und dann – zweitens – in einen Zustand zu gelangen, bei dem man die Erreichung der eigenen Ziele selbstbewusst in Angriff nimmt. Die meisten Menschen, die unangepasst im Angestelltendasein sind, unzufrieden mit der Erreichung der eigenen Ziele sind oder ihr Potenzial nicht genutzt sehen, scheitern nicht daran, dass sie ihre Ziele zu hoch setzen und diese nicht erreichen. Sie scheitern daran, dass sie ihre Ziele zu niedrig stecken und diese erreichen.

Dieses Selbstbewusstsein bauen Sie nur langsam auf, wenn Ihnen der unternehmerische Unfehlbarkeitsanspruch nicht in die Wiege gelegt wurde.

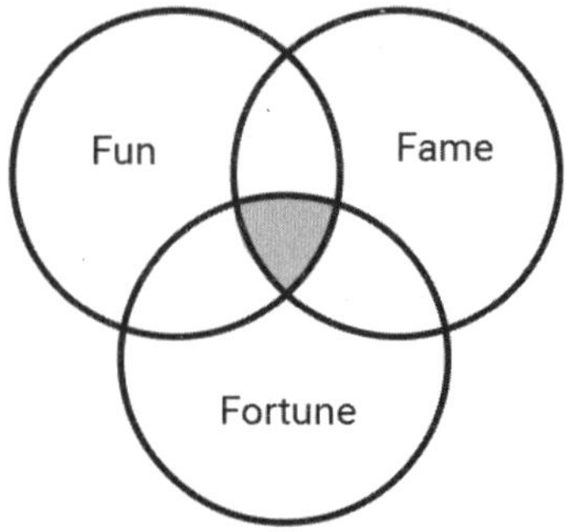

Abb. 4: Die drei F: Fun, Fame und Fortune stehen in Wechselwirkung zueinander. Ein gutes Projekt hat Anteile aller drei F und wird dadurch gestärkt.

Die 3-F-Regel für Ihren Selfmade-Job: Fun, Fame, Fortune

Dafür gibt es eine sehr wirkungsvolle Strategie, die stufenweise und nachhaltig einen wachsenden Business-Erfolg gewährleisten und gewissermaßen als Bonus sogar eine gewisse Risikoabschätzung vorab leisten kann: Das ist die 3-F-Regel (siehe Abbildung 4), die ständiger Begleiter eines gut gesteuerten Geschäftsmodelles sein sollte:

Die drei F stehen für Fun, Fame und Fortune, also für Spaß, Ruhm und Vermögen.

Das letzte F, Fortune, ist übrigens im englischen Wortraum doppelt belegt: Es steht für Geldvermögen ebenso wie für Glück. Geld ist sicherlich nicht automatisch mit Glück gleichzusetzen, darin kann sogar eine Falle liegen. Jedoch hat Geld verschiedene Funktionen, das haben wir bereits in früheren Kapiteln dieses Buchs belegt.

Eine dieser Funktionen von Geld, die es als Gradmesser empfehlen, ist eine Übersetzungsfunktion. Viele Dinge, die Erfolg häufig begleiten und auch definieren, sind schwierig zu messen: Gelingen, Aufmerksamkeit, Ruhm, Spaß, Glück zum Beispiel.

Geld dagegen lässt sich hervorragend zählen und auch in Relationen setzen, weshalb es oft auch als Gradmesser für Erfolg gewertet wird.

Zudem hat Geld eine Speicherfunktion für eigene Ziele; auch das haben wir schon betrachtet. Wenn Reisen oder gutes Essen, ein tolles Haus oder die Teilnahme an gesellschaftlichen Events Ihr Ziel sind, dann ist Geld dafür ein Zwischenspeicher, um aus dem Erfolg und vielleicht sogar vorher verwirklichten Zielen ein anderes Ziel zu erreichen. Geld allein macht nicht glücklich und ist für sich genommen vielleicht nicht einmal ein sinnvolles Ziel, sondern eher ein Instrument zum Erlangen des eigentlichen Ziels. Dennoch ist es ein Teil der Geschichte. Es sollte das Ziel sein, die drei F zu verfolgen, denn: Geschäftsmodelle, die alle drei F unter einen Hut bringen, haben gute Erfolgsaussichten.

Doch der Reihe nach.

Fun: Fun ist Spaß. Es liegt auf der Hand, dass Dinge, die mit Spaß verfolgt werden, eine gewisse Eigendynamik und vor allem Motivation entwickeln können. Es sind immer gute Projekte, die man mit Freude angeht und die dadurch ein hohes Maß an intrinsischer Motivation erhalten. Es wurde schon gesagt, dass der Flow ebenfalls eine Rolle beim Erwerb eines gesunden, aus dem Gefühl der Selbstwirksamkeitserwartung gespeisten Selbstbewusstseins spielt. Tatsächlich kann man Fun in unserer Aufzählung oft durch Flow ersetzen und kommt der direkt umsetzbaren Vision damit manchmal gleich näher als mit dem abstrakten Zustand: Sie müssen halt Spaß haben an dem, was sie tun.

Dazu sei der Flow hier noch einmal, allerdings zugeschnitten auf diese Frage, kurz zusammengefasst: Flow entsteht da, wo eine Aufgabe die Fähigkeiten eines Menschen so abfordert, dass er sich nicht langweilt, sie aber auch bewältigen kann. Flow entsteht im Korridor zwischen Burn-out und Bore-out.

Wenn Sie an Videospiele wie den Klassiker »Super Mario Land« denken, dann ist ein solches Spiel, in dem sich viele Menschen stundenlang ohne Zeitgefühl verlieren, genau so aufgebaut: Das Spiel ist in Level und Welten unterteilt, die zu Beginn recht einfach zu bewältigen sind. Mario durcheilt die Welten immer motiviert und in fröhlicher Eile. Mit zunehmendem Spielverlauf wird aber der Schwierigkeitsgrad erhöht, die erlernten Funktionen (Springen, Laufen, Schießen …) müssen in komplexeren Herausforderungen eingesetzt werden, dafür winken dann höhere Level und mehr Herausforderungen. Jedes Level für sich ist eine erreichbare Zwischenhürde.

Vielleicht spielen Sie lieber Simulationen von Autorennen oder Point-&-Click-Spiele mit kleinen Aufgaben, lösen lieber ganz analog Sudokus oder spielen gern »Trivial Pursuit«: Das Prinzip ist dasselbe.

Aufgaben, die das eigene Potenzial abrufen und im richtigen Maß steigern, die einen höhere Ziele erreichen lassen und dabei immer im richtigen Maß Erfolge generieren, erzeugen dieses Flow-Erlebnis. Daher ist die richtige Frage immer, welche Themen den individuellen Flow bringen.

Meist hat da jeder eine mehr oder minder klare Vorstellung. Das erste F fordert in der 3-F-Regel für die Erreichung des abstrakten Zustandes Flow daher, große Freude zu haben an dem, was man tut, es spielerisch voranzutreiben.

Bill Gates, einer der zehn reichsten Männer der Welt und Gründer von Microsoft, sagte einmal:

»Be nice to nerds. Chances are, you'll end up working for one.«

Ein Nerd ist im allgemeinen Verständnis vielleicht nicht unbedingt eine erstrebenswerte Persönlichkeit: Der Begriff verweist auf Personen, die als Sonderlinge empfunden werden und an Nischeninteressen hängen – wobei man dort klassisch und klischeehaft das fensterlose Zimmerchen mit dem blassen jungen Mann sieht, der nächtelang Programmcodes in seinen Computer tippt und sozial eher Defizite aufweist.

Aber es gibt nicht nur Computer-Nerds, sondern auch Geschichts-Nerds, Sport-Nerds und Garten-Nerds. Sie alle eint, dass sie mit Begeisterung im vollen Flow an ihrer Sache arbeiten. Und mit einer gewissen Wahrscheinlichkeit sind auch Sie selbst ein Nerd in Ihrem Fachgebiet.

Was Bill Gates jedoch meint, ist die Vorstellung, dass diese Nerds eben oft mit negativen Eigenschaften verbunden und in der Summe eher herablassend betrachtet werden – so kommt er zu dem Appell, (trotzdem) nett zu ihnen zu sein, weil man vielleicht mal für einen Nerd arbeitet.

Das Gates-Zitat enthält übrigens eine ironisch aufgeladene Warnung: Die Wahrscheinlichkeit ist recht hoch, dass Sie für einen Nerd arbeiten werden. Denn: Nerds gehen in einer Sache eben auch auf und haben dort Expertenwissen. Das haben zwar viele Menschen, aber erstaunlich wenige machen aus diesem Umstand ein Geschäft und verdienen mit diesem Fachwissen Geld.

Das zweite F fordert Fame: Auch Ruhm ist ein durchaus zweischneidiges Schwert, und manchmal gebietet es schon die Bescheidenheit, nicht allzu sehr auf den eigenen Ruhm zu schielen. Aber der klassische Ruhm ist auch nicht der wahre Kern des Fame, wie wir ihn verstehen. Die Frage nach dem Ruhm ist eher die Aufforderung, sich im eigenen Fachgebiet einen Namen zu machen.

Wer mit einem eigenen Produkt oder einer eigenen Dienstleistung in das Licht der Öffentlichkeit tritt, der sollte das Ziel haben, dass eine eigene Marke entsteht und befördert wird. Die Marke und das damit verbundene Vertrauen der Kunden sind die Basis für Verkäufe und damit für den Geschäftserfolg. Die Wiedererkennbarkeit und das Verständnis der Tatsache, dass eine Marke eine Hilfestellung für die schnelle Zuordnung durch die Kunden bietet, sind zentral für Selbstständige und Unternehmen. Wenn der Kunde Ihren Namen hört, was soll er dann sofort assoziieren?

Dabei sind die Kunden schnell und bequem in ihrer Einschätzung, was dafür sorgt, dass diese Ihnen in der Regel nur wenige Attribute zielgenau zusprechen. Dann müssen Sie wählen, welche das sein sollen: Spezialanbieter für ein bestimmtes Thema oder »Bauchladenanbieter« ohne Fachgebiet?

Andere Attribute, die mit Ihrem Fame assoziiert werden, könnten sein:

»Liefert, was er sagt«,

»zuverlässiger Dienstleister«,

»Top-Experte seines Fachs«,

»kein Schaumschläger, sondern materielle Tiefe«.

Projekte, Produkte und Partnerschaften, die sich vor dieser Prüfung bewähren, zahlen auf Ihren Fame ein. Als Träger der eigenen Marke – also des eigenen Brands – lassen Sie gerne zu, dass Projekte, Produkte und Partner mit Ihrem Namen verknüpft werden, die dafür echten Mehrwert generieren und ihnen positive Reputation schaffen. Alles andere sollten Sie ablehnen.

Das ist gerade am Beginn einer Karriere als Dienstleister oder als Produktanbieter, ob nun selbstständig oder bereits als Unternehmer, nicht immer leicht, denn manchmal sind auch ungünstige Optionen oder gar falsche Partnerschaften verlockend.

Für Ihren Fame könnten Sie sich zum Beispiel als Ziel vornehmen, ein Buch zu Ihrem Thema zu schreiben und damit die eigene Reputation zu fördern. Das ist eine für sich genommen sehr gute Strategie, schließlich kommt Autorität von Autor.

Dem Fame kommt eine ganz wesentliche Rolle auf dem Weg zu Ihrem Selfmade-Job zu:

Fame hebelt Ihr Wissen!

Das zu erkennen, kann bereits den Unterschied zwischen guten Geschäftsideen ohne Erfolg und der alle Ziele erreichbar machenden Selbstständigkeit bezeichnen und Ihnen den Weg aus dem Stundenlohn ebnen.

Ruhm ist eben nicht Selbstzweck oder »nice to have«, sondern multipliziert Ihr Expertenwissen und Ihre beruflichen Erfolge mit Blick auf die mögliche Vermarktung, wertet es auf und gewährleistet damit die Wissensrendite.

»Hebel« sind Effekte, bei denen durch die Beigabe eines weiteren oder erweiternden Faktors Optionen geschaffen werden, die aus dem eigenen Bestand nicht erreicht werden können – beispielsweise der Kauf der neuen, extrem mehr Gewinn bringenden Maschine, die dann den Kredit abbezahlt, der zum Erwerb der Maschine aufgenommen werden musste, und nur mit dem Hebel des Kredits angeschafft werden konnte, nun aber einen satten Mehrgewinn einfährt. Wir hatten uns dieses Beispiel bereits in diesem Buch angesehen (siehe Seite 48).

Ruhm hebelt gleichermaßen das Wissen, das Sie haben. Wissen allein ist nicht allzu wertvoll, denn das gibt es überall. Aber Ruhm gibt Ihren Kunden Orientierung gegenüber dem Überangebot von Konkurrenten. Mit gutem Ruf ausgestattet glauben die Kunden an Ihre Expertise und sind bereit, dafür zu zahlen. Das wäre ohne Ruhm nicht das Gleiche.

Kurzes Gedankenspiel: Stellen Sie sich vor, ein ausgewiesener Facharzt oder der Nachbar am Zaun erklärt Ihnen die Ursache von Knieschmerzen. Wem glauben Sie da mehr?

Fortune: Fortune bedeutet wörtlich Glück, aber eben auch Geldvermögen. Interessanter ist aber fast noch die französische Entsprechung von Fortune, die eingedeutscht und dabei wiederum anders genutzt wurde. So ist Fortune eher ein glückliches Händchen, das zu Glück oder Geld führt.

Am wenigsten hat Fortune jedoch mit Glück im Sinne des Zufalls zu tun, der nur bedingt eine Rolle spielt und spielen sollte. So gehen wir eher davon aus, dass durch bestimmte Strategien und durch spezifisches Wissen beim Betreiben des eigenen Business nicht Glück hilft, sondern die Wahrscheinlichkeit eines Erfolgs so lange gesteigert wird, bis er mit hoher Zuverlässigkeit eintrifft.

Fortune ist aber auch Geldvermögen und damit ein Faktor, den es bei der Ausgestaltung der 3-F-Regel zu beachten gilt.

Denn ohne Geld betreiben Sie kein Business, sondern allenfalls ein Hobby.

Von dieser Regel gibt es Ausnahmen, aber: Wenn Sie Ihr bestes Produkt verkaufen, dem Kunden viel der von ihm verlangten Aufmerksamkeit entgegenbringen oder den Kern Ihres Wissens herausgeben, dann müssen Sie darauf achten, dass dieses entsprechend teuer verkauft wird.

Denn was nichts kostet, ist auch nichts wert, so die Abkürzung im Kopf Ihres Kunden. Tatsächlich erzeugen manche Produkte, vor allem solche mit einer höheren Wertwahrnehmung durch Anbieter und Kunden, ein besonderes Verhältnis zu ihrem Preis. Produkte, die viel versprechen, aber dann wenig kosten, wecken eher Argwohn als Kaufbereitschaft. Zudem rütteln niedrige Preise auch an Ihrer ganz speziellen Reputation als Experte.

Die drei F verstärken und maximieren Ihren Erfolg

Die drei F sollten nicht isoliert betrachtet werden, im Gegenteil: Sie beeinflussen sich erheblich gegenseitig und sind damit Stützpfeiler für Ihren Selfmade-Job.

Dazu hilft die Metapher der kommunizierenden Röhren. Das sind Röhren, die oben offen und unten miteinander verbunden sind. Egal, in welcher Höhe diese zueinander in Relation stehen, wird eine Flüssigkeit, die sich in den Röhren befindet, immer den gleichen Flüssigkeitsstand in allen Röhren erreichen (siehe Abbildung 5).

Füllen Sie nun in eine der Röhren mehr Flüssigkeit, steigt kaum zeitversetzt auch der Flüssigkeitsstand in den anderen Röhren. So ist es auch bei den drei F, zumindest auf einer Betrachtungsebene. Wenn Sie, solitär betrachtet, für Ihre Arbeit mehr Geld (Fortune) verlangen und dies auch bezahlt bekommen, dann zieht die Qualität in der Ausführung sehr häufig nach, teilweise weil diese dann schlicht erwartet wird, aber oft auch, weil Sie als Anbieter nun in die Lage versetzt sind, diese zu leisten.

Probieren Sie beispielsweise, Ihre Website bei einer der vielen kleinen Agenturen bauen zu lassen, die Festpreise ab 139 Euro versprechen. Kein Vorwurf an dieser Stelle, aber die kleinen Agenturen dürften Probleme haben, für diesen geringen Preis eine hohe Qualität mit bester Beratung dauerhaft am Markt zu etablieren. Es kostet eben etwas mehr, gutes Equipment oder gute Leute zu beschäftigen, sich auf Dinge zu spezialisieren und sie richtig gut zu machen und stets das Ohr am Puls der

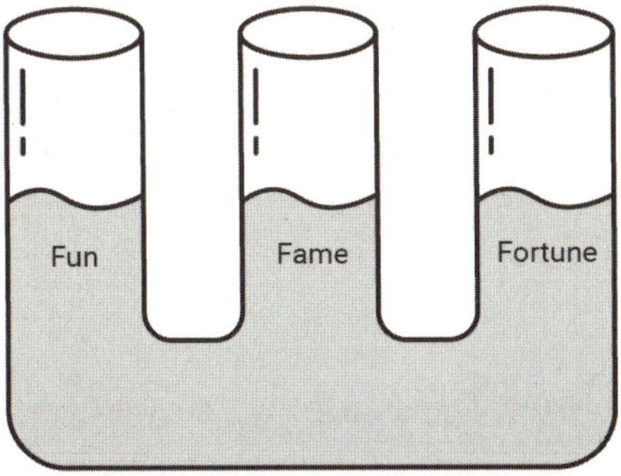

Abb. 5: Die drei F als korrespondierende Röhren. Der »Füllstand« des einen Faktors beeinflusst den der anderen.

Zeit zu haben. Ähnlich geht es vielen wissensbasierten Geschäftsmodellen und natürlich auch Anbietern physischer Produkte.

Wenn nun also mehr Geld gezahlt wird und die Qualität dadurch gesteigert werden kann, dann wird auch die Wahrscheinlichkeit größer, dass der Fame steigt: Die Kunden empfehlen den Anbieter, was ein hervorragender Katalysator für Ruhm ist. Die Marke des Anbieters wird gestärkt, und der Fame rückt nach.

Praxisbeispiele für die Umsetzung der 3-F-Regel

Zwei typische Beispiele zur Illustration für eine Umsetzung der 3-F-Regel und der Beziehung der F untereinander im Sinne der kommunizierenden Röhren sind prototypisch.

Der Skifahrer: Ein begeisterter Skifahrer ist immer dann im Flow, in der Mitte seiner Fähigkeiten und neuer Herausforderungen, wenn er auf der Piste steht. Er entwickelt seine Fähigkeiten beständig weiter, stellt sich neuen Herausforderungen und meistert diese. Wenn er auf der Piste ist, dann vergisst er die Zeit, kann sich vollends konzentrieren und muss kaum motiviert werden, sein Training weiterzuführen: Er ist im Flow.

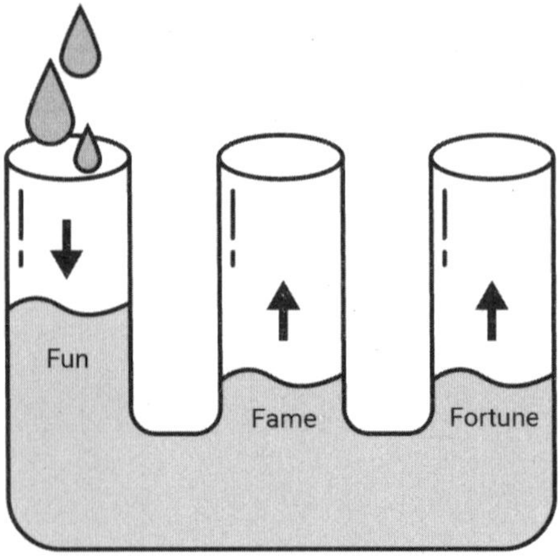

Abb. 6: Wenn eine der »Röhren« gefüllt wird, dann setzen die anderen fast automatisch nach.

Zu diesem Zeitpunkt ist der Fun-Anteil im Dreieck der drei F mit Abstand am größten. Unserer Logik folgend nimmt nun aber, wenn auf das Fun-F mehr Druck, mehr Fülle wirkt, auch in den anderen Bereichen der Füllstand zu, wie in Abbildung 6 gezeigt. Der Skifahrer wird gelobt, erst im privaten Kreis: »Du nimmst die Kurven sehr sauber, hast einen schönen Schwung!«, und später wird er immer besser und durch Lob zusätzlich motiviert.

Das ist ein erster kleiner Fame, also Ruhm, der sich mit etwas Glück herumspricht. Er nimmt an Jugendmeisterschaften teil und gewinnt, weil niemand ihm dieses Hobby nehmen kann und er alle schlägt, die ihr Pensum absolvieren, aber keine Extrarunde drehen, wenn es nicht gefordert ist. Daher gewinnt er ein paar Preisgelder, kann sich ein paar bessere Skier leisten, seine Eltern sehen die wachsenden Erfolge und ermöglichen ihm ein Jugendtrainingslager. Weil er eine Meisterschaft gewonnen hat, wird er dort angenommen – die Auswahlkriterien verlangen nach Reputation, und er steigert seine Qualitäten weiter. Die Preisgelder werden höher, und der Spaß wird ihm durch fortlaufende Motivation weiter ermöglicht.

Der Vanlife-Youtuber: In seiner Nische, dem »Vanlife«, dem Leben in einem Wohnmobil also, entdeckt jemand seine Vorliebe für die Erstellung kleiner Videos der Orte, die er besucht, und stellt diese bei Youtube ein. Auch hier ist der Fun-Faktor zunächst höher als die anderen, aber dann beginnt eine Eigendynamik. Die Videos gefallen auch anderen, er bekommt Likes, positive Kommentare, und die Abonnentenzahl seines Youtube-Channels wächst: Der erste Ruhm stellt sich ein.

Ab 1000 Youtube-Followern (Kanalabonnenten) eröffnet Youtube das Angebot, die eigene Reichweite zu monetarisieren, und an dieser Schnittstelle wird aus dem Hobby ein Selfmade-Job.

Das kommt unverhofft und wird zunächst auch ganz nebenbei angenommen, 30 oder vielleicht 40 Euro kommen so am Beginn zusammen – noch nicht viel Geld, Fortune also im 3-F-Modell.

Aber es geschieht etwas viel Wichtigeres: Der erste Euro im Internet wird verdient. Und der hat oft eine ganz eigene Dynamik. Plötzlich wird dem frischgebackenen Selfmade-Job-Inhaber klar, dass sich andere für das interessieren, was ihm Freude bereitet. Und es entsteht die Selfmade-Job-Idee, beides unter einen Hut zu bringen, Geld zu verdienen mit dem, was ihn selbst antreibt, wofür nie die Energie fehlt. Es lohnt sich, die Idee zu verfolgen und auszubauen

Success-Story: Caroline Preuss aus Berlin erzählt ihre 3-F-Geschichte ihren vielen Kundinnen. Nach dem Umzug nach Berlin arbeitete sie in einem Modeladen und wurde dort nicht so recht glücklich. Sie selbst schildert eine harsche Ansprache ihres Vorgesetzten, der ihr vorwarf, zu schüchtern zu sein und nicht verkaufen zu können. Vielleicht ist sie in ihrem Potenzial nicht gesehen worden, vielleicht passte der Rahmen oder das Selbstbewusstsein zu diesem Punkt noch nicht – sie selbst erklärt das nicht. Aber Caroline Preuss entschloss sich, nun einen Do-it-yourself-Blog zu starten: Sie filmte eigene DIY-Ideen und wurde damit – auch zu ihrem eigenen Erstaunen – in einem beeindruckenden Maß erfolgreich. Wer ihr zuschaut, erkennt sofort den eigenen Zauber ihrer Präsentation und ahnt, was ihren Erfolg trägt. Zwingend vorauszusehen war das nicht, steht doch jeder

Anbieter vor der Frage, ob das jemanden interessiert und ob es dann zum eigenen Lebensunterhalt beitragen kann. Aber Caroline Preuss hat ihre eigenen Themen, ihre Leidenschaft und ihre Talente mit viel Fun verfolgt und zum Erfolg getragen – oder sich tragen lassen. Doch damit nicht genug.

Beflügelt von den ersten Erfolgen arbeitete sie mit viel Fleiß an ihrem Konzept, optimierte und verbesserte so ihre eigenen Ergebnisse. Sie geriet in ihren Flow, sodass die Anerkennung ihrer Fans und der Ruhm, die Bestätigung und die Erfolge sie darin zusätzlich beflügelten. Dass ihre große Reichweite sich dann in einem monetären Erfolg niederschlug, liegt auf der Hand.

Aber Caroline Preuss war auch das nicht genug, sie ging weiter und legte ihre wahren, neuen Wissensbestände frei. Nicht die Inhalte des DIY-Angebotes auf mehreren Kanälen waren mittlerweile ihr wahrer Wissensbestand und auch nicht die wirkliche Stütze ihres Erfolges, sondern neben ihrer Persönlichkeit auch die Professionalität in der Darstellung, in der Gewinnung von Reichweite, in der Generierung von Sichtbarkeit und im Aufbau einer Community. Aus diesem Wissen entwickelte sie das nächste erfolgreiche Geschäftsmodell und stellte sich die Aufgabe, vornehmlich Frauen zu zeigen, wie sie als Business Maker ihrem Weg nachfolgen können. In Ihrem Business-Modell befasst sie sich also mit dem, im besten Sinne zeitgeistigen und notwendigen, Thema der starken (jungen) Frau. Sie dient dabei Ihren Kundinnen als Vorbild, das Autorität und Authentizität vereint.

Die drei F stellen sich in allen drei Systemen als kommunizierende Systeme heraus. Wenn ein Faktor einen Zugewinn verbuchen kann, dann zieht dieser gewissermaßen die anderen Systeme auch ein Stück weit mit hoch – mal sofort, mal mit etwas Verzögerung.

Der smarteste Business-Plan der Welt

Das besonders Interessante an der 3-F-Regel ist zudem, dass sie als der vielleicht smarteste Business-Plan der Welt genutzt werden und fortlaufend das eigene Business sehr positiv begleiten kann, wenn sie an die Entwicklung des eigenen Geschäftsmodells angelegt wird.

Denn es ist augenfällig: Wenn die Systeme in der vorgestellten Art kommunizieren, dann muss am Beginn lediglich eines der Systeme, also Fun, Fame oder Fortune, verfolgt werden, und man muss darauf achten, dass die beiden anderen in diesem Business-Modell auch einen Platz finden können.

Wer noch nie auf eigenen Beinen stand, sucht vielleicht im Internet nach einem Business-Plan, nach Marktanalysen für das eigene Projekt, SWOT-Analysen oder Kundenavataren.

In diesem Buch geht es aber um den Selfmade-Job, nicht um den Aufbau eines Start-ups. Und der Selfmade-Job bezieht ja seinen Reiz vor allem daraus, dass man viele Hürden möglichst niedrigschwellig, also smart, angeht.

Natürlich können Sie für Ihren Selfmade-Job nach alter Schule einen 30-seitigen Business-Plan schreiben sowie eine Markt- und Konkurrenzanalyse erstellen. Aber für den ersten Aufschlag und schnellen Start, für eine erste Annäherung an die Frage, ob die eigene Idee tragfähig ist, kann die 3-F-Regel gute Anhaltspunkte geben.

Übrigens kann die 3-F-Regel auch denen, die bereits selbstständig sind, einen Schlüssel zur Beantwortung der Frage bieten, warum das eigene Business sich noch nicht so trägt wie gewünscht.

Ihr ganzes Geschäftsleben hindurch sollten Sie immer wieder an mindestens die Mehrzahl der einzelnen Projekte, Partnerschaften und Produkte diese Frage richten und tunlichst vermeiden, solche einzugehen oder zu verfolgen, die eines der F deutlich ins Minus bringen. Nehmen Sie keine Partnerschaften oder Projekte an, bei denen Sie hoffen, dass es sich besser nicht herumspricht, nur weil es Geld bringt.

Zu Beginn steht meist ein F im Vordergrund: Das kann der Fun sein wie bei dem aufstrebenden Skifahrer aus dem Beispiel.

Sie könnten auch eine Erbschaft oder einen Lottogewinn einstreichen, mit ihrem gut bezahlten Angestelltenjob nach 30 Jahren finanziell abgesichert sein oder mit ihrem Nine-to-five-Job ein gutes Ein- und Auskommen haben und sich sagen: »Das kann ich jetzt, das fordert mich nicht mehr«, oder: »Da habe ich nicht genug Leidenschaft und Gestaltungsfreiräume.« Diese Beispiele zeigen: Auch Fortune kann die zu Beginn forcierte Kraft sein. Dann suchen Sie sich vielleicht etwas, das Ihnen mehr Spaß verspricht und Ihren guten Namen befördert.

Sogar Fame kann am Beginn stehen, der Ihnen als Ressource zur Verfügung steht. Schauen Sie auf die Gewinner von Talent-Shows, die plötzlich im Licht der Öffentlichkeit stehen und Sichtbarkeit für ihre Person erreichen. Dann muss es darum gehen, aus dem Fame die anderen zwei F zu bedienen und das Momentum aus der TV-Prominenz zu nutzen.

Expertenratschlag von Hermann Scherer

Hermann Scherer ist der führende deutschsprachige Experte, wenn es darum geht, eigene Inhalte sichtbar zu machen und sich und seine Inhalte zur eigenen Marke zu entwickeln – zum Fame also. Er sagt, dass eine Dienstleistung (und, abgeleitet davon, auch ein Produkt) überhaupt erst dann Wert in sich birgt, wenn es dem möglichen Kunden gegenüber sichtbar ist.

Seine sehr inhaltsreichen Social-Media-Kanäle sind ein guter Einstieg, um eigene Ideen Kunden gegenüber sichtbar zu machen.

Seine Thesen sind recht umfassend: Er empfiehlt nicht nur Sichtbarkeit, sondern fordert auch, keine mittelmäßigen Produkte auf den Markt zu bringen. Erst wenn man die »tote Mitte« verlässt, könne man überhaupt auf dem Markt wahrgenommen werden. Vor allem in dicht besetzten, von Verdrängungswettbewerb gekennzeichneten Märkten seien eine klare Positionierung und damit die Ausbildung einer eigenen starken Marke wichtig.[34]

Die drei F unterliegen einer ständigen Veränderung

Die drei F verschieben sich in ihrer Bedeutung im Zuge der Entwicklung des eigenen Business. Am Beginn darf gerne der Fun im Vordergrund stehen, denn er entwickelt eine große Dynamik darin, in seiner Röhre – bezogen auf Abbildung 6 – zu steigen und die anderen Röhren fast immer zwangsläufig mitzubeeinflussen. Geben Sie also gerade zu Beginn Ihrer Leidenschaft eine Bühne. Sie wird dem Rest (Geld und Ruhm) dann schon Freikarten besorgen.

Irgendwann wird dann aber auch Fortune in den Fokus rücken, weil das eigene Business plötzlich zu mehr als Fun taugt und es verlockend erscheint, mit dem Geld zu verdienen, was Spaß macht. Dann entwickeln Sie die Fortune-Komponente eine Weile, der Ruhm rückt meistens nach, und der Fun bleibt ebenfalls erhalten – wenn Sie immer mal wieder die imaginäre Abrechnung der drei F für sich erstellen und sehen, dass alles einigermaßen in der Waage bleibt.

Wenn dann Geld zunehmend immer eine Rolle spielen muss, weil Sie Ihr Business nach einigen Jahren sehr gut weiterentwickelt haben, wird am Ende der Fame als letzter Aspekt gegenüber den anderen höher gewichtet. Dann spielen Fragen wie die eigene Legacy, Ihre Wirkung auf die Welt also, eine Rolle und werden zur Triebfeder. Ganz nivelliert wird

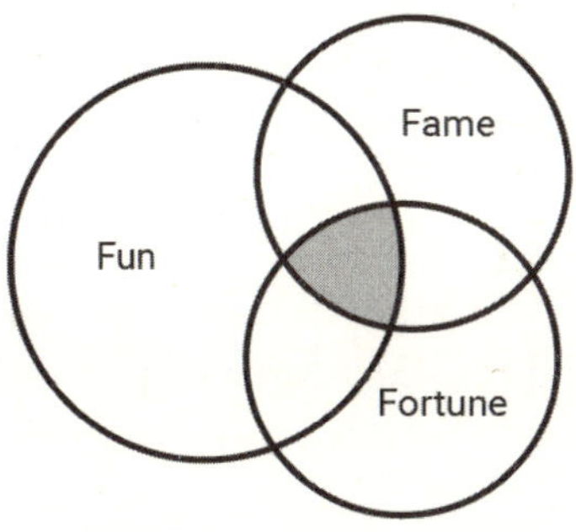

Abb. 7: Im Vordergrund steht zunächst der Spaß. Das ist ein guter Antreiber. Aber berücksichtigen Sie stets alle drei F.

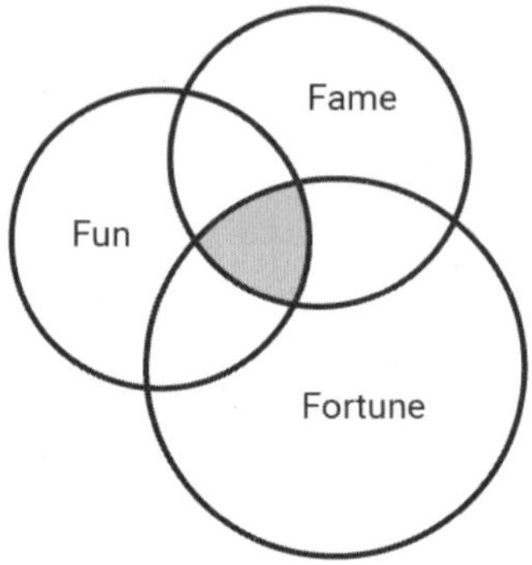

Abb. 8: Mit der Zeit rückt die Geldkomponente in den Vordergrund.

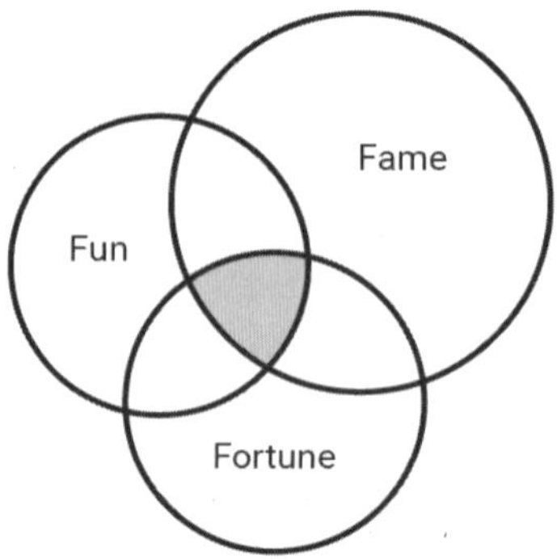

Abb. 9: Ist ausreichend Geld verdient, wächst der Fame-Kreis und die Frage nach der eigenen Legacy rückt in den Vordergrund.

also das Verhältnis der drei F selten sein – das ist ein üblicher Aspekt jeder Lebenszeitlichkeit.

Zeit ist Ihre beste Unterstützung: die 10 000-Stunden-Regel

Wenn Sie die 3-F-Regel für Ihr Business anwenden und sich gegebenenfalls zuvor für eine gute Richtung entschieden haben, wie und mit welcher Ausrichtung Sie Ihrem Selfmade-Business eine Bühne geben wollen, dann muss es nur noch darum gehen, daraus die drei F fortlaufend weiterzuentwickeln.

Der beste Verbündete dabei ist die Zeit, die sich in der 10 000-Stunden-Regel wiederfindet: Jeder Mensch kann fast alles erlernen, wenn er sich grob gerechnet 10 000 Stunden Zeit dafür nimmt und trainiert, ganz gleich, ob virtuoses Geigenspiel, Freistöße schießen wie Lionel Messi oder reden wie die begnadetsten Speaker.

Der US-Psychologe Anders Ericsson stellte zusammen mit seinen deutschen Kollegen Ralf Krampe und Clemens Tesch-Römer Anfang der 1990er-Jahre die 10 000-Stunden-Regel auf.[35] Populär wurde diese dann durch den Autor Malcolm Gladwell mit seinem Bestseller *Überflieger: Warum manche Menschen erfolgreich sind – und andere nicht.*[36]

Sie alle wollten damals belegen, dass Sportler, Musiker und Milliardäre nicht etwa durch ein in die Wiege gelegtes Genie, sondern durch harte Arbeit die Fähigkeiten und das Wissen aufgebaut haben, um ihre Rolle so erfolgreich einzunehmen.

Die Regel der 10 000 Stunden wird hin und wieder kritisiert und ist keine wissenschaftliche Theorie, sondern eher eine Daumenregel; dennoch können Sie die Kernidee und die Botschaft nutzen und prüfen, ob die Schwächen, die der Regel in der Kritik oft vorgeworfen werden, nicht etwa in Stärken gewandelt werden können. Ein Blick auf die Angriffspunkte der Kritik: »Man kann eben aus einem Nashorn kein Springpferd machen.«

Einige Dinge liegen der einen oder anderen Natur einfach nicht. So können manche Menschen ein absolutes Gehör haben, weil sie früh und intensiv mit Musik in Berührung kamen, und danach virtuos musizieren oder Musik schreiben. Andere versuchen spät noch mühsam, ein paar Griffe auf der Gitarre zu lernen.

Einige Menschen haben durchaus genetische Vorteile in Bezug auf die Fertigkeiten als Langstreckenläufer, andere haben einen so schweren Körperbau, dass sie nie eine Olympiamedaille gewinnen werden, auch nicht nach 20 000 Stunden intensiven Trainings.

Die Kritik, die irgendwann in Bezug auf das hoffnungsvolle Konzept der 10 000-Stunden-Regel lauter wurde, bezog sich häufig auf die genannten und auf ähnliche auffindbare Disziplinen, in denen auch das härteste Training nicht die Meisterschaft brachte. Gerade bei körperlichen Herausforderungen ist das gut vorstellbar. Sportler beziehen nur einen Teil ihres Erfolges aus der Intensität und Menge an Training, also aus mehr oder weniger absolvierten Trainingsstunden, während der überwiegende Teil der Meisterschaft aus der Qualität des Trainings, dem Talent und den eigenen Genen, dem richtigen Mix aus Wiederholung und wechselnden Trainingsreizen und anderen Faktoren zusammengesetzt ist.

Aber spricht das wirklich gegen die 10 000-Stunden-Regel, besonders in unserem Kontext?

Wie lange sind denn 10 000 Stunden? Wie lange genau?

Es sind etwa 417 volle Tage (24 Stunden) oder zehn Jahre, wenn man 2,75 Stunden täglich investiert. Ja, das ist lang. Aber keine Sorge: Die meiste Arbeit und die meiste Zeit haben Sie wahrscheinlich schon freiwillig und unbemerkt investiert.

Und: Ob es nun 8 000 Stunden für eine einfachere Aufgabe und bei einem begabteren Akteur oder 12 000 Stunden bei einer sehr komplexen Aufgabe und einem eher ungeeigneten Kandidaten sind, auch bei der Idee, seinem Wissen eine Bühne zu geben, es freizulegen und dann eine gewisse Meisterschaft darin zu erlangen, braucht es sicherlich viele verschiedene Aufgaben, die gemeistert werden, einen Wechsel aus Anstrengung und Gelingen, Talent und gute genetische Voraussetzungen sowie einen richtigen Mix aus neuen Aufgaben und Wiederholungen, aus Austausch mit anderen Menschen und eigener Kontemplation und Reflexion.

Dennoch: Das Vehikel dafür ist Zeit.

Diese Zeit muss mit den drei F korrespondieren, sonst verliert sie ihre Kraft. Nur wenn in den 10 000 Stunden die drei F aufrechterhalten werden, ist die Regel hilfreich.

Ein Beispiel zur Illustration: Wenn Sie seit 30 Jahren erfolgreicher Rechtsanwalt für Scheidungsrecht sind, dann haben Sie mindestens 20 000 Stunden mit diesem Thema verbracht. Sie haben ein hohes Maß an Meisterschaft erreicht, so hoch, dass Ihnen die eigenen Wissensbe-

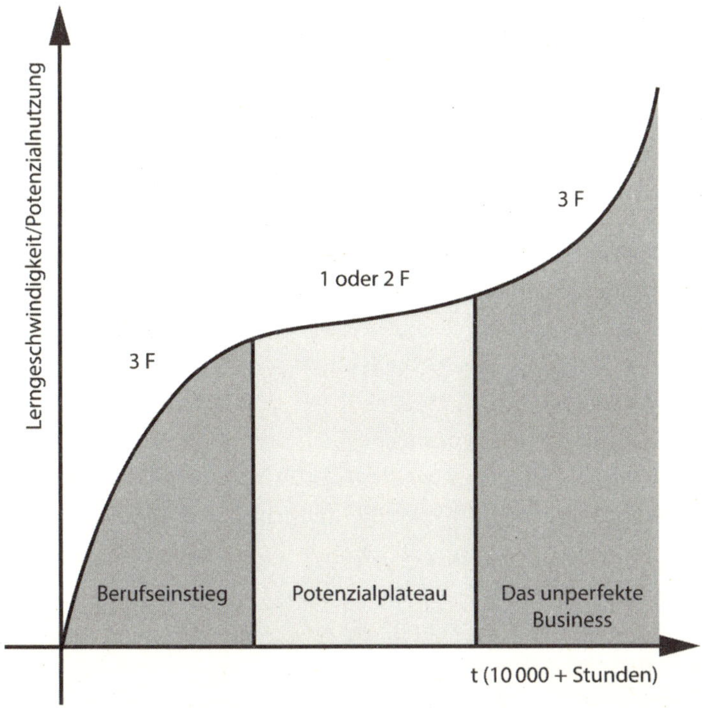

Abb. 10: Angestellte erleben die 3-F-Regel oft als sich verflachende Kurve. Das unperfekte Business macht aus zwei wieder drei F.

stände womöglich alltäglich, fast langweilig vorkommen mögen. Es gibt dabei sogar eine gewisse Kurve des Lernens, die wie in Abbildung 10 aussieht.

Am Beginn der Berufskarriere lernen Sie immens schnell und hoffentlich wissbegierig dazu. Sie haben diesen Job einmal gewählt, weil Sie ihn zu Ihren Talenten und Interessen recht passend gesehen haben. Und in der ersten Zeit haben Sie spezifisches Berufswissen aufgesaugt. Die ersten Erfolge und Anerkennung haben Sie beflügelt, ebenso wie die Tatsache, dass nach der Ausbildung oder dem Studium ein gutes Gehalt plötzlich die Arbeit erfreulich versüßte. Diese erste Lernphase zeigt idealtypisch alle drei F. Das F für Fun hat vielleicht den Ausschlag gegeben, diesen Job zu wählen; nun ziehen die anderen beiden F ein gutes Stück weit nach, allerdings in einem ziemlich künstlichen Prozess: Natürlich bekommt ein Berufsanfänger mehr Geld als ein Student, und die Anerkennung eines gewonnenen Prozesses gewichten der Anwalt selbst wie auch die Kollegen und Mandanten höher als die Note »Eins« in der Strafrechtsklausur im zweiten Semester.

Doch irgendwann verflacht diese Kurve des Lernens: Die Routinen des Jobs schleichen sich ein, die Karriereleiter hält nach dem Schritt in den Beruf keine großen Sprünge mehr parat, die Gehaltskurve ebenso wenig. Viele Aufgaben im beruflichen Alltag wiederholen sich, die Fälle eines Scheidungsanwaltes beispielsweise gleichen sich zunehmend. Und Sie wissen, wie Sie diese Aufgaben lösen, werden schneller und effektiver und können beurteilen, welche Sie besser nicht zu lösen versuchen.

In dieser Zeit sitzen viele zwar täglich am Schreibtisch, aber es besteht durchaus die Gefahr, dass sie nicht mehr dazulernen und damit ihrem Potenzial im Grunde weniger Raum geben, als möglich wäre. Manchmal muss auch die Aussage »Ich habe 30 Jahre Berufserfahrung!« bei ehrlicher Betrachtung hinterfragt werden: Haben Sie wirklich in den vergangenen Jahren viel an Erfahrung gewonnen, oder haben Sie nur Routinen mehr und mehr eingeschliffen, vielleicht sogar den Fun am Job als ideale Triebfeder der Weiterentwicklung verloren und sind nur noch wegen Fortune oder Fame, wegen des Stundenlohnes, der Bonuszahlung zur 30-jährigen Kanzleizugehörigkeit und der Namensnennung auf dem Kanzleischild in Ihrem Job, aber nicht mehr Ihrer Leidenschaft nachgegangen?

Manche Angestellte haben nach 20 Jahren Betriebszugehörigkeit wohl nur zwei, fünf oder zehn Jahre Netto-Berufserfahrung, weil die Karriere ein frühes Plateau erreichte.

Die drei F aus der Anfangszeit, die die großen Zuwächse an Wissen gefördert haben, lassen sich an jede Phase eines Berufslebens ebenso wie an jede Form desselben neu oder von Beginn an anlegen. Und sie können auch nahtlos jederzeit ein (neues oder fortgesetztes) Steigen der eigenen Kurve erzeugen. Die Gefahr liegt darin, ziemlich schnell nach dem Berufseinstieg oder auch später noch auf dem Plateau der drei F zu landen, die sich dann nicht mehr wirklich steigern, und vielleicht noch in einer kleinen Sinuskurve um einen relativ fixen Kern von Fun, Fame und Fortune zu mäandern: Mal macht der Job ein bisschen mehr Spaß, dann wieder weniger, mal wird man von Kunden oder Vorgesetzten gelobt oder in der Tageszeitung erwähnt. Eine kleine Gehaltserhöhung oder ein Bonus erhöht den Fortune-Faktor, und gleiche Bewegungen gibt es auch in der Gegenrichtung. Aber am Ende bleibt dieses Plateau irgendwann recht stabil.

Ob angestellt mit Ambitionen im Nebenerwerb oder auf dem Weg in die wirkliche Selbstständigkeit: Die drei F in Kombination mit der 10 000-Stunden-Regel versprechen erheblichen Zuwachs an Wissen und Potenzial – beginnend ab Stunde eins der eigenen Karriere oder ab Stunde 10 000.

Dass auch hier der Fun die kleine Treibladung sein kann, die die Anfangsenergie aufbringt, um dann mit dem Konzept der kommunizierenden Röhren stets Fame und Fortune auch im Blick und im Wachstum zu halten, ist naheliegend. Es darf aber auch der Wunsch nach etwas mehr finanzieller Freiheit oder nach der eigentlichen Lebens-Leidenschaft sein.

Die Kombination aus den drei F und der in der 10 000-Stunden-Regel repräsentierten Zeit, in der Wiederholung bestimmter Prozesse, der zunehmenden Erfahrung verschiedener Herausforderungen und Prüfungen, dem Erleben, dass Dinge gelingen, und dem wachsenden Selbstvertrauen ist ein Schlüssel zum Erfolg des eigenen unperfekten Business und des Selfmade-Jobs: Suchen Sie sich ein Thema, das Sie in den Flow bringt oder Ihnen mindestens Fun bereitet. Das ist der Startimpuls, den Sie benötigen, um Antrieb für die ersten Schritte zu finden, um intrinsisch motiviert Fortschritte zu machen und die Dinge um ihrer selbst willen zu tun.

Warum werden die Steuererklärungen in Deutschland häufig so spät abgegeben? Weil es vielen Menschen wenig Freude bereitet, die erforderlichen Vorarbeiten zu erledigen und es an der Fun-Komponente fehlt; das Gegenteil ist sogar der Fall: Eine Steuererklärung wird als lästig empfunden.

Bei ihren Urlaubsanträgen sind die gleichen Menschen durch einen hohen Fun-Faktor höchst motiviert und finden Monate im Voraus die Woche, in der dank Feiertag und Brückentag drei Urlaubstage für sieben Tage Urlaub ausreichen, zielsicher und strategisch heraus, noch bevor die Kollegen diese blocken.

Wenn alle Menschen in Deutschland ihre Steuererklärungen so gut planen würden wie ihren Jahresurlaub, dann wäre sicher so manches Finanzamt froh.

Und wenn die gleichen Menschen ihren Selfmade-Job so gut planen würden, wäre ein guter Teil der Wegstrecke zurückgelegt. Finden Sie ein Thema, das Ihnen so viel Fun verspricht wie die Planung einer Urlaubsreise, wie das tagelange motivierte Studieren der Reiseführer in Vorfreude vor dem Urlaub. Dann trägt Sie Ihre Motivation auch in die übrigen zwei F hinein.

Dann macht Ihr Selfmade-Job Ihnen Spaß; bestenfalls bringt er Sie sogar in den Flow, hier Ihr Wissen einzubringen, Fortschritte zu erzielen und bessere Ergebnisse zu generieren. Zudem überwinden Sie so kleinere Rückschläge wie von selbst, weil Ihre Motivation Sie hindurchträgt. Gelingt es Ihnen dann, Fame und Fortune als kommunizierende Systeme mitzusteuern, dann braucht es nur noch Zeit. In dieser werden Sie besser, effektiver und kommen für Ihre Kunden und für sich selbst schneller ans Ziel.

Erinnern Sie sich an Ihren Führerschein? An die ersten Fahrten und dann die Prüfung, die eigenen Strecken und das erste eigene Auto? Manchmal sagen Fahrlehrer, dass mit dem Tag des Führerscheins noch kaum jemand wirklich Auto fahren konnte. Die Zuteilung des Führerscheins ist letztlich ein Kompromiss aus Übung, der Prüfung der grundsätzlichen Fahrtauglichkeit und gewisser Sachkenntnisse und dann der Möglichkeit, diese zu vertiefen.

Die Anmeldung einer Selbstständigkeit oder eines Nebenerwerbs ist im Vergleich noch weniger Herausforderung und oft weniger Vorbereitung.

Mit den ersten Fahrten bekommt ein Anfänger ein immer sichereres Gefühl für das Fahrzeug, kann Situationen routinierter bewältigen.

Und dann gerät er manches Mal auch in Situationen, die er sich selbst nicht aussuchen würde: Jemand schert vor ihm auf der Autobahn aus, ein Hund läuft auf die Straße und Ähnliches. Erst mit viel Erfahrung, wechselnden Herausforderungen und Zeit am Steuer wachsen die Sicherheit und das Vertrauen in die eigenen Fähigkeiten.

Doch warum bringen sich Menschen in diese Situationen? Schließlich wäre es für alle Beteiligten sicherer, zu Hause zu bleiben und keinen Führerschein zu machen, kein Auto zu bewegen. Da spielt sicherlich die Anerkennung gewisser Vorteile, wie der persönlichen Mobilität und Freiheit, eine große Rolle. Und das ist am Anfang wieder Fun.

Eine Steuererklärung zu verfassen bringt manchen in Situationen, die er sich selbst nicht aussuchen würde. Nur für die wenigsten Menschen sind Progressionsvorbehalt, Vermögenswirksame Leistungen und Arbeitnehmerpauschbetrag Begriffe, die sie schon immer mal verstehen wollten.

Wenn die Steuererklärung nicht abgegeben wird, wird man womöglich geschätzt oder eine Rückzahlung zu viel gezahlter Steuern wird unmöglich gemacht. Die Rückzahlungen sind bei der eigenen Steuererklärung mitunter auch hart erarbeitet oder werden vom Steuerberater teilweise durch das Honorar wieder einkassiert – und die wenigsten Menschen sind wohl berühmt geworden, weil sie so eine schöne ordentliche Steuererklärung abgegeben haben.

Die innere Abwehr solcher Prozesse liegt eben darin, dass es hier eher etwas zu vermeiden als zu gewinnen gibt. Das gilt wahrscheinlich für Sie und auch für die meisten Ihrer Kunden, sodass Sie Folgendes berücksichtigen sollten: Das von Ihnen entwickelte Produkt muss nicht nur Ihnen in der Entwicklung Freude machen, sondern auch Ihrem Kunden.

Wie lernt ein 90-Jähriger in vier Wochen Mandarin?

Mit Blick auf die Zeit haben Sie einen Verbündeten und einen Gegner. Diese beiden sind der Effekt des 90-Jährigen, der Hochchinesisch lernen will, und der Dunning-Kruger-Effekt. Beide sind sehr eng mit der Zeit verbunden.

Ein Studium der Sinologie/Ostasienstudien an der Freien Universität zu Berlin dauert im Bachelor-Studiengang sechs Semester. In den ersten zwei Semestern, also im Verlauf eines Jahres, erlernen die Studenten dort »neben grundlegenden Kenntnissen der sozial- und kulturwissenschaftlichen Chinaforschung« auch »Grundlagen der chinesischen Sprache«[37]. Ein Jahr für Grundkenntnisse. Warum dauert das so lange?

In der Sprachschule von Andreas Laimböck in China lernen Sprachschüler innerhalb einer Woche so viel Chinesisch, dass sie sich in Alltagssituationen gut verständigen können. Nach sieben Tagen können sie sich mit den Chinesen unterhalten, bei denen sie unterkommen.[38]

Warum geht das so schnell?

Dieser Idee liegt zunächst das Konzept der Immersion zugrunde. Der Begriff beschreibt in der Physik das Eintauchen eines Festkörpers in eine Flüssigkeit, die ihn dann vollumfänglich umgibt. Genauso wird es in dieser Sprachschule gemacht. Die Studenten werden gewissermaßen in ein Umfeld »eingetaucht«, in dem niemand Deutsch oder Englisch spricht – nur Chinesisch. Besonders ambitionierte Sprachschüler werden dafür in die chinesische Provinz gebracht und bei einer Familie einquartiert.

Anders als an einer Universität, an der vielleicht dienstags und donnerstags vier Stunden chinesische Vokabeln gepaukt werden und diese vielleicht erst am Ende des Semesters überhaupt abgefragt werden, finden die Prüfungen hier ständig statt und bringen schnelle, unmittelbare Erfolge.

Ohne Anwendung des bereits erworbenen und möglichst schnell zu erwerbenden Sprachwissens kann sich der Sprachschüler in China nicht bewegen: keine Kommunikation, keine Erreichung der eigenen Ziele.

Und vielleicht kein Frühstück, weil auch dessen Bestellung Sprachkenntnisse erfordert.

Und es erinnert an die Geschichte vom eigenen Führerschein, bei dem man erst nach dem Verlassen der Fahrschule, wenn das behütete Umfeld aufgegeben wird, in das wirkliche Lernen kommt. Das ist die besondere Kraft von Situationen, die man sich nicht selbst aussucht und die in einem Vorbereitungsprozess niemals geübt werden können. In den wenigsten Berufen kann alles theoretisch vorab erlernt werden, weshalb große Praxisanteile etwa bei Ärzten und Lehrern eine wichtige Rolle im Studium spielen.

Es ist eine Sache, Pädagogik im geschützten Elfenbeinturm der Universität zu erlernen, und eine andere, in einer Schule vor Schülern diese dann erfolgreich anzuwenden und den für die geplante Referendariatsstunde vorbereiteten Inhalt durchzubringen.

Und selbst die besten Kenntnisse der hirnphysiologischen Zusammenhänge einer Demenz auf zellulärer Ebene helfen einem jungen Arzt nicht automatisch, die Erkrankung mit Betroffenen oder Angehörigen zu besprechen. Manches wird erst im Tun gelernt.

Chinesisch in einer Woche zu lernen würden sicher auch viele Menschen für sich ausschließen, sogar die gleiche Leistung in zwei Semestern zu erbringen käme ihnen abenteuerlich vor. Aber: Die Ergebnisse der chinesischen Sprachschule sind beeindruckend, wenn man den Berichten von Reportern aus deren Selbstversuch Glauben schenkt.

Wenn Sie Geige lernen wollen, müssen Sie Geige spielen.

Wenn Sie Fußballspielen lernen möchten, müssen Sie Fußball spielen.

Und wenn Sie sich nebenher mit Ihrem Selfmade-Job selbstständig machen wollen, müssen Sie sich eben nebenher selbstständig machen.

Bestimmte Fähigkeiten lassen sich nur durch Üben erlernen; sie heißen »Initiationswissenschaften«. Das ist das Konzept der bedingungslosen

Immersion, wie es die 1-Woche-Sprachschule praktiziert: der Sprung ins kalte Wasser.

Aber beherrschen Sie bereits alle Techniken und Kenntnisse, die nötig sind, um Ihre Idee in einem Selfmade-Job umzusetzen? Das ist eher unwahrscheinlich.

Auch die erfahrensten Experten erlernen mit jeder neuen Idee Teile des zur Umsetzung notwendigen Wissens neu. Der Unterschied liegt oft nur in der Erfahrung, dass sie Umwege vermeiden können, und im Selbstvertrauen, dass ihnen das gelingen wird.

Werden Sie Fehler machen und an Grenzen stoßen? Sehr wahrscheinlich. Aber wenn Sie sich für den Weg entscheiden und sich in den Prozess hineinbegeben, dann finden Sie erstaunlich schnell und sicher Wege, um ans Ziel zu gelangen.

Dagegen spricht zum einen die Sorge, die Gefahren und Herausforderungen dieses Schrittes zu unterschätzen.

Zum anderen sind Menschen Gefahrenvermeider. Einige lernen Fremdsprachen, die sie gar nicht benötigen, weil ihnen das einfach Freude bereitet und sie ein Sprachtalent ausleben wollen. Ob es dann der eigene Anspruch ist, etwas Urlaubsspanisch zu beherrschen oder den eigenen Geist ein wenig an der Volkshochschule herauszufordern – das trägt durchaus. Aber nur, wenn das Risiko als überschaubar angesehen wird. Sonst bleiben viele gerne in ihrer Komfortzone, weil sie die Gefahren der Aufgabe ihrer Bequemlichkeit tendenziell überschätzen.

Jedoch ist in der Komfortzone eben kein Wachstum möglich – dazu müssen Sie diese verlassen.

Das Beispiel der Sprachschule zeigt jedoch, dass nach dem Sprung ins kalte Wasser die Motivation, schwimmen zu lernen, deutlich steigt. Und im Übrigen wird das Wasser ja auch nicht wärmer, wenn Sie später springen.

Jedoch muss festgehalten werden, dass das Beispiel natürlich einen Trick benutzt. Denn die Motivation, gut und schnell Chinesisch zu lernen, zwingen sich die Sprachschüler ja gewissermaßen auf. Wenn ein Sprachschüler erst mal in der chinesischen Provinz gelandet ist und vor die Aufgaben gestellt wird, dann lernt er. Aber das ist vermutlich eine Konstellation für besonders Wagemutige. Das Risiko bei der eigenen Selbstständigkeit kann leicht vermieden werden, indem man gar nicht erst startet.

Nicht jeder war schon zum Sprachintensivkurs in Chengde in China, wo angeblich das beste und reinste Chinesisch gesprochen wird – und nur 1,4 Millionen Deutsche sind selbstständig. Dabei sind die Ergebnisse der Sprachschule so beeindruckend und die Möglichkeiten und Vorteile, der eigenen Leidenschaft eine Bühne zu geben, so aussichtsreich.

Trotzdem: Der beste Weg, erfolgreich selbstständig zu werden, ist, sich selbst in die virtuelle Realität, die sogenannte Immersion, zu begeben.

Aber sowohl bei der Sprachschule als auch beim eigenen Business gibt es eine Abkürzung, die die Aussichten, das Unterfangen erfolgreich zu gestalten, deutlich steigert. Wie lernt ein 90-Jähriger innerhalb weniger Wochen Chinesisch? Indem er sich in eine attraktive 70-jährige Chinesin verliebt, die ihm kurz darauf offenbart, nach China zurückzugehen – und in ihm damit den unstillbaren Wunsch weckt, ihr dorthin zu folgen und dort mit ihr zu leben.[39]

Dieses fiktive Beispiel des Hirnforschers Gerald Hüther arbeitet mit dem Prinzip der Immersion; der Senior wird in China sicherlich auch in die dortige Gesellschaft eintauchen und vor kommunikative Herausforderungen gestellt sein.

Aber sein Ziel ist für ihn wichtig und bereichert das Modell um Leidenschaft: Das ist der Grund, warum wir dem Fun und der Leidenschaft so viel Raum geben. Die Geschichte erscheint sofort einleuchtend und glaubwürdig: Wenn die Leidenschaft stark genug ist, trägt sie den ganzen Prozess und überwindet etliche Schwierigkeiten.

Vorsicht, Falle! So überwinden Sie den gefährlichen Dunning-Kruger-Effekt

Auch mit der Zeitkomponente verbunden, allerdings als großer Fallstrick, ist der Dunning-Kruger-Effekt. Dieser beschreibt zwei Größen in der jeweiligen Abhängigkeit zueinander: das eigene Wissen oder die Kompetenz und die Selbstsicherheit von Personen in bestimmten Bereichen, bezogen auf die eigene Expertise.

Abbildung 11 zeigt diese beiden Messgrößen und bietet interessante Einsichten in die menschliche Psyche und die Bewertung des eigenen Wissens. Diese Faktoren bestimmen das eigene Mindset bezüglich der Erreichbarkeit der eigenen Ziele mitunter maßgeblich.

Mit steigender Erfahrung, mehr Wissen und Informationen in einem bestimmten Bereich wächst am Beginn die selbst wahrgenommene Kompetenz. Das schnell größer werdende Wissen verleitet zunächst dazu, überheblich zu werden beziehungsweise das eigene Wissen zu überschätzen. Das ist ganz natürlich, weil schnell große Zusammenhänge auf einer – allerdings eher oberflächlichen – Ebene verstanden werden. Das sind gefühlt große Fortschritte in Ihrem Kompetenzzuwachs.

Dieser rasche Aufbau eines Grundlagenwissens reicht aber je nach Komplexität des Themas **zunächst** nur für einen groben Überblick.

Nehmen wir das Beispiel des sogenannten »menschengemachten Klimawandels«. Das ist ein populärer Begriff, der den meisten schon einmal untergekommen sein sollte. Und er ist ziemlich selbsterklärend, wenn man ihn das erste Mal hört: Klimawandel bedeutet, dass sich offenbar das Klima gegenwärtig ändert, und zwar zum Negativen, das wird aus der weiteren Diskussion dazu schnell klar. Dann ist noch die Information enthalten, dass dieser Wandel menschengemacht ist, also durch Menschen verursacht wird.

Die These lautet verkürzt: Das Klima wandelt sich, und der Mensch ist daran schuld. Diese Behauptung wird in verschiedenen Diskussionen und Veröffentlichungen, Kontexten und auf verschiedenen Ebenen diskutiert, und immer mehr Informationen treten für den aufmerksamen und vielleicht interessierten Beobachter hinzu. Die meisten Men-

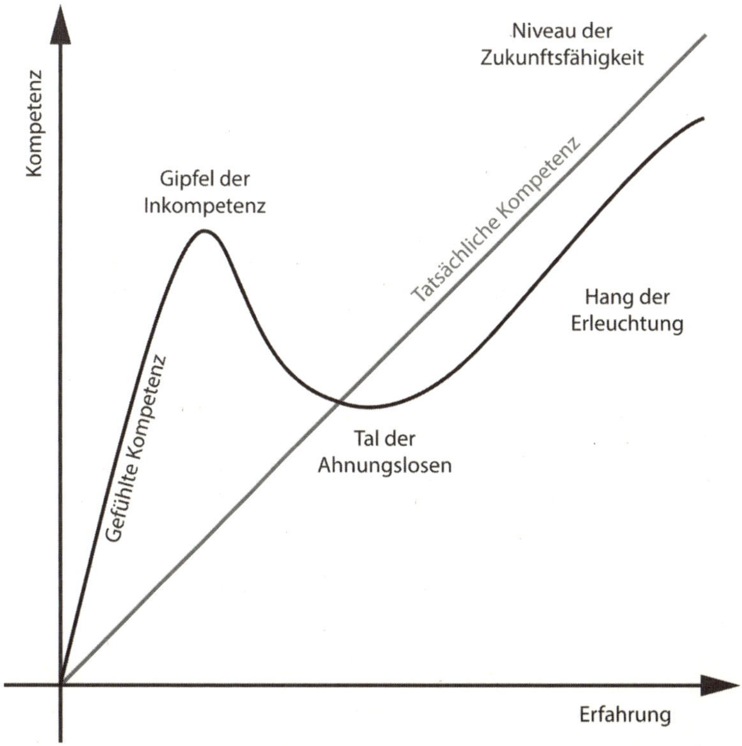

Abb. 11: Der Dunning-Kruger-Effekt bewirkt, dass sich Anfänger wissend und Profis inkompetent fühlen.

schen würden behaupten, das verstanden zu haben und einordnen zu können, obwohl sie keine ausgewiesenen Klimaforscher sind.

Es kommt dann bei solchen Themen fast unweigerlich weiteres Wissen hinzu, wenn Sie sich tiefer in die Materie hineinarbeiten.

In der nächsten Stufe zum Beispiel wird CO_2 als Element erfasst und in das eigene Erklärschema aufgenommen. Dieses neue Element bekommt eine Bedeutung und einen Platz im Verständnis des Einzelnen in der Gesamtsituation, ebenso wie beispielsweise der »Treibhauseffekt«. Neue Elemente werden also in bestehende Kenntnisstrukturen eingeordnet.

Hinzu kommt: Es treten dann Beobachtungen hinzu, die auch ganz subjektiv eine Bestätigung ergeben. Früher lag mehr Schnee im Winter und es war nicht so heiß im Sommer – dies sind solche Beobachtungen. Auch waren die Schneeberge höher und die Alpen noch von großen Gletschern bedeckt; heute liegen dort, wo vor 30 Jahren noch Skifahren im Sommer möglich war, im Sommer Steine herum. Das passt alles zusammen in das Bild vom menschengemachten Klimawandel.

Das läuft natürlich genauso bei anderen Wissensbeständen ab, und das eigene Selbstbewusstsein, die Zusammenhänge gut erfasst zu haben, steigt. Diese erste Wissens-Klimax wird im Dunning-Kruger-Effekt auch zynisch als »Mount Stupidity« bezeichnet, weil sie eben zu früh kommt. Die wahre Kompetenz ist noch gering, die selbst erfahrene aber umso höher. Doch ist diese frühe Kenntnis leicht irritierbar und nicht gefestigt.

Nehmen wir das Beispiel des Klimawandels: Hier ließe sich die Informationsmenge scheinbar einfach durch sämtliche Fakten oder Informationen erweitern, die gar nicht einsortiert werden können.

So befinden wir uns gegenwärtig erdgeschichtlich in einer Warmzeit als vergleichsweise kurze Schwankung des gerade herrschenden »Känozoischen Eiszeitalters«. Das ist paradox und erscheint schnell merkwürdig – denn es ist doch eben sehr heiß draußen.

Ohne allzu weit in diese Themen abzugleiten: Eine Phase, in der einer oder beide Pole der Erde vereist sind (je nach Definition des Begriffs Eiszeit müssen beide Pole oder nur ein Pol vereist sein – schon wieder abweichende Informationen –), nennt man Eiszeit. Und Phasen, in denen bei gefrorenen Polen die gemäßigten Breiten nicht komplett zufrieren, nennt man Warmzeit innerhalb dieser Eiszeiten.[40]

Also bewegt sich der Planet gerade aus einer Warmzeit in vielen Tausend Jahren auf eine Kaltzeit zu. Es wird gerade erdgeschichtlich eher kälter, das gegenwärtige Vorherrschen warmen Klimas ist eher die Auffälligkeit.

Zwischen 1550 und 1850 herrschte in Europa eine kleine Eiszeit, eine Klimaanomalie, die die Wikinger befähigte, Grönland zu besiedeln und die Insel als grün (»Grøn«) zu bezeichnen, was sie danach eine Weile lang gar nicht mehr war. Erst heute werden dort wieder Kartoffeln angebaut.

Was sich da abzeichnet, ist das Phänomen, dass sich nach dem Gipfel des gefühlten Wissens in der Dunning-Kruger-Grafik oft das Tal der Ahnungslosen anschließt. Plötzlich sieht man sich widersprüchlichen Aussagen ausgesetzt, die die eigenen Fundamente des sicher geglaubten Wissens erschüttern. Informationen passen nicht zueinander und schaffen schnell Unsicherheit, wo vorher traumwandlerische Sicherheit herrschte. Paradox ist, dass dieses Phänomen mit eigentlich wachsender inhaltlicher Kompetenz einhergeht, weil zunehmend auch die Grenzen des eigenen Wissens überhaupt erkannt werden können. Mehr Wissen schafft hier Unsicherheit, und das eben manchmal durch nur wenige zusätzliche Informationen.

Das Dunning-Kruger-Paradoxon zu verstehen und dann aktiv an seinem eigenen Mindset zu arbeiten kann also ein wesentlicher Schritt zur Umsetzung des eigenen unperfekten Business sein. Sie gelangen früher oder später an einen Punkt, an dem Sie sich fragen: »Weiß ich wirklich schon alles, was ich für den Start in meinen ersten Selfmade-Job benötige?«

Die gute Nachricht: Das ist wahrscheinlich ein Symptom deutlich gestiegener Expertise und nicht mangelnder Kompetenz Ihrerseits.

Auf das Tal der Ahnungslosen (englisch auch: Valley of Despair, also das Tal der Verzweiflung) folgt die nächste Stufe, nämlich der »Slope of Enlightment«, also der Hang der Erleuchtung. Wenn die eigenen Grenzen und der eigene Horizont erkannt wurden, dann wird das eigene Wissen darüber zunehmend gefördert, denn neue Zusammenhänge und Informationen werden dialektisch in das bestehende System integriert.

Dahinter steht das bekannte Modell der Dialektik, das – vereinfacht – so funktioniert: Zu einer These, die bestimmten Ansprüchen folgend formuliert wird, kann eine Antithese formuliert werden, die der These entgegensteht. Dann wird geprüft, was von beiden sinnvoll zusammengebracht werden kann, um eine grundsätzlich richtige Antwort zu formulieren – die Synthese.

Das ist das Rollenmodell für die Entwicklung Ihres Selfmade-Jobs: Synthese des Wissens.

6.

Eine Stunde pro Tag genügt für den eigenen Selfmade-Job

Können Sie sich vorstellen, fünf Wochen am Stück freizunehmen, um Ihr eigenes Business nebenher aufzubauen? Vermutlich nicht – denn Sie stecken ja noch in der Stundenlohn-Falle, und dort ist Zeit eben knapp.

Aber können Sie sich vorstellen, eine Stunde Netflix am Tag zu opfern, um der Stundenlohn-Falle zu entkommen?

Netflix wäre eine Lösung: Es macht glücklich – wenn man es eine Stunde abschaltet und stattdessen mit nur einer Stunde pro Tag auf der Basis der 3-F-Regel einen Selfmade-Job aufbaut.

Ein Selfmade-Job kann neben Ihrer Vollzeittätigkeit mit nur einer einzigen Stunde täglich aufgebaut werden. Und das schafft rasche Erfolge gleich zu Beginn.

> Wenn sich schnell Erfolge einstellen, dann ist die Arbeit am eigenen Business das neue Netflix: Sie machen dann den Fernseher aus, da Sie etwas Spannenderes für sich entdeck haben – Ihr eigenes Business!

Warum Sie frühe Erfolge brauchen

Am 1. Januar eines beliebigen Jahres nehmen sich viele Menschen eine Änderung in ihrem bisherigen Leben vor: mehr Sport, weniger ungesunde Dinge essen oder mehr Zeit mit den Kindern verbringen. Zunächst werden diese Pläne mit einer hohen Anfangsenergie verfolgt. Aber der Alltag ist schnell zurück, und die Vorsätze haben eine mittlere Halbwertszeit von wenigen Tagen. Und so kann es auch Ihrem eigenen Business ergehen, wenn Sie mit vielen guten Vorsätzen starten. Werfen Sie deshalb einen Blick auf die Mechanismen des »Neujahrsproblems« und erkennen Sie, warum es wichtig ist, für Ihren Selfmade-Job zu schnellen Ergebnissen zu kommen.

Am ersten Tag joggt ein Mensch mit frischen Neujahrsvorsätzen mit Begeisterung und ernährt sich äußerst gesund. Die neue Idee bedeutet eine Veränderung im Alltag und damit auch eine Verschiebung der anderen Elemente des individuellen Tagesplans. Das wird jedoch in Kauf genommen, denn es hat ja einen höheren Sinn. Früher aufstehen, um vor dem Job noch joggen zu gehen, oder als einziger Elternteil am Fußballplatz stehen und dem Nachwuchs beim Training zujubeln – all das erfordert Zeit, geht auf Kosten anderer Dinge und nagt damit fast unweigerlich an der hohen aufgebrachten Energiemenge. Bestimmte Herausforderungen leeren jedoch diese Energiequelle, die ursprünglich aus dem Willen zur Veränderung gespeist wurde: Wenn es regnet, ist es noch schwerer, die Sportschuhe zu schnüren, und dann lockt wieder das bequeme Sofa. Die alte, erprobte Routine erstarkt wieder. Sie war nie weg, konnte aber durch die hohe Initialenergie kurzfristig überstimmt werden.

Der Gegenspieler ist in diesem Fall das eigene Gehirn, in dem bewusste Entscheidungen und unterbewusste Routinen stets um die Deutungshoheit konkurrieren. Spannend in diesem Zusammenhang ist, dass das Gehirn Routinen als unterbewusste Prozesse in entwicklungsgeschichtlich sehr alten Regionen verarbeitet, die auch den Dinosauriern zur Verfügung standen, während bewusste Entscheidungen und das

Abwägen in neueren Regionen des Gehirns ablaufen, die nur höheren Säugetieren zur Verfügung stehen. Der Mensch, der sich für ein autonom entscheidendes Wesen hält, hat aber nur Zugriff auf das bewusste Denken, nicht auf das unbewusste, und das kann zu Schwierigkeiten führen.

Der neuere Teil des Gehirns, der Frontalkortex, ist ein energieraubendes System, das außerdem ziemlich lange für seine Entscheidungen benötigt. Dieser Teil wägt ab. Daher kommt er zum Einsatz, wenn es schwierig wird, wenn Entscheidungen getroffen und Stresssituationen aufgelöst werden müssen: bei mathematischen Aufgaben, komplizierten Verhandlungen und auch bei der Überlegung, von nun an seine Routinen neu zu denken. Auf ihn haben wir aber immerhin Zugriff, wenn auch zum Preis von viel Energie.

Der unterbewusste Teil des Gehirns ist demgegenüber sehr schnell, weil er immer die gleichen, routinierten Entscheidungen trifft und daher energieeffizient arbeitet. Für Routinen braucht es nicht viel Energie. Und das Gehirn ist gerne effizient und liebt seine Routinen, weil diese die Energie für die wirklich wichtigen Situationen wie Stress, Gefahr und Planung sparen. Das macht es aber meistens ohne unser Bewusstsein.

Das bedeutet in der Konsequenz, dass Routinen oft gegenüber energieaufwendigen Vernunftentscheidungen gewinnen, weil Erstere viel effizienter zu leisten sind. So spart sich das Gehirn dann die Energie, viel nachzudenken oder abzuwägen und sich zum Joggen zu motivieren, und findet eher Gefallen im altbekannten guten Gefühl, sich auf dem Sofa niederzulassen. Es ist jedoch auffallend, dass trotz der sehr bewussten Entscheidung, mehr Sport zu treiben oder das Rauchen aufzugeben, diese Entscheidung oft nach wenigen Tagen wieder ad acta gelegt wird.

Interessanterweise hat der Frontalkortex kaum Zugriff auf die Basalganglien, jenen alten Teil des Gehirns, in dem die Routinen herrschen. Nur mit viel Energie kann er sie leidlich überstimmen.

Was die Routinen betrifft, ist der denkende Mensch also kaum Herr im eigenen Haus. Und deshalb übernimmt dann still und heimlich, wenn die Energie zum Selbstdenken zu groß wird, wieder die Routine die Prozesseignerschaft in diesem System.

Ein Raucher macht den Griff zur Zigarette, sowie er das Haus verlässt und die Jacke angezogen hat, ganz automatisch. Man kennt das Einschalten des Fernsehers beim abendlichen Betreten des eigenen Hauses, damit ein wenig Hintergrundunterhaltung stattfindet, oder den ersten Blick auf das Handy nach dem Aufwachen. All das wird routiniert und effizient erledigt. Und dabei unterscheidet das Gehirn nicht zwischen guten und schlechten Routinen, also jenen, die das Individuum weiterbringen, und jenen, die den Status quo pflegen: Für das Gehirn sind alle Routinen gut, die Energie sparen und nicht unmittelbar schaden.

Es ist sozusagen gerne in der Komfortzone des unbewussten Entscheidens. Das Problem ist, dass es dort kein Wachstum erfährt und daher auch kein Lernen stattfindet. Lernen ist der wesentliche Zugriff, den Menschen auf ihre Routinen haben und damit auf die entwicklungsgeschichtlich alten Bereiche des Gehirns.

Wenn ein Mensch neue Aufgaben verrichtet, dann werden diese stets bewusst erfasst, also im energiezehrenden Frontalkortex. Im weiteren Verlauf werden diese, insbesondere wenn das bewusste Erleben mit Erfolgserlebnissen und positiven Gefühlen verbunden und öfter wiederholt wird, allmählich an die unbewussten Teile abgegeben.

Das ist beispielsweise beim Fahrradfahren so, das zu Beginn alle Aufmerksamkeit benötigt und später vollkommen routiniert erledigt wird. Kinder, die Fahrradfahren lernen, erleben positive Momente dabei: die ersten frei gefahrenen Meter, das Lob und die Bestätigung der Eltern, die Freiheit, mobiler zu sein, Stolz und viele weitere Gefühle. Solche positiven Erlebnisse übernimmt das Gehirn bevorzugt in seine unterbewussten Teile und lernt sie gerne.

Für Ihr eigenes Business bedeutet das, dass Sie schnell erste Erfolge erzielen müssen, um sich weiterhin zu motivieren. Dabei lernt das Gehirn schnell die gewünschten Prozesse – und die Dinge gehen noch leichter und schneller von der Hand.

Damit das eigene Business schnelle Erfolge erzielt, sollte es allerdings unperfekt gedacht werden, wie im Folgenden gezeigt wird.

Unperfekt ist das neue Perfekt: der Grüne-Bananen-Ansatz

Bananen werden grün geerntet. Das hat vor allem damit zu tun, dass sie danach noch einen weiten Weg vor sich haben, per Schiff oder Flugzeug zu den Kunden. Würden die Bananen gelb geerntet, dann bekäme der Kunde sie überreif und braun oder schwarz im Laden präsentiert – und keiner würde sie kaufen. Selbst dort sind sie oft noch nicht ganz reif, und auch beim Kunden liegen sie noch eine Weile in der Obstschale und werden nicht sofort konsumiert.

Bananen sind oft bis nach dem Kauf noch leicht grün.

Nach dieser Geschichte baut sich der Grüne-Bananen-Ansatz für den perfekten Start des eigenen Selfmade-Jobs auf. Denn: Es ist gegen die Intuition, die Banane so zu ernten und zu verschiffen, dass sie noch nicht ihren idealtypischen Reifegrad erreicht hat. Auch der Kunde ist ja vielleicht nicht ganz zufrieden, wenn er die Bananen noch leicht grün im Regal des Supermarktes vorfindet – denken wir zumindest. De facto aber nimmt er das in Kauf. Und es ist generell – also abgesehen von unserem Beispiel der Bananen – eine gute Idee, ein Produkt möglichst zeitnah in den Warenverkehr zu verbringen und es nicht noch »überreif« werden zu lassen, bevor es dem Kunden angeboten wird.

Oft wird aber genau das Gegenteil gemacht: Das eigene Produkt wird aus den verschiedensten Gründen lange entwickelt und zur Marktreife gebracht – allerdings ist diese »Marktreife« ein gar nicht so leicht zu bestimmender Zeitpunkt. Wann ist ein Produkt marktreif, wann ist es noch (zu) »grün«, und wann wird es schon »faulig« und kann nicht mehr verkauft werden? Diese Unsicherheit hat verschiedene Ursachen: Der Anbieter ist beispielsweise unerfahren in der Erstellung von Produkten und kann den richtigen Zeitpunkt zum Launch daher schlecht einschätzen.

Schlimmer aber wiegt in alle Regel der eigene Perfektionsanspruch. Und dieser Ansatz schadet allen Beteiligten: Perfektion schafft Aggression, sowohl beim Produzenten, der niemals mit seinem Ergebnis zufrieden ist und den Produkt-Launch stets verschiebt, als auch beim

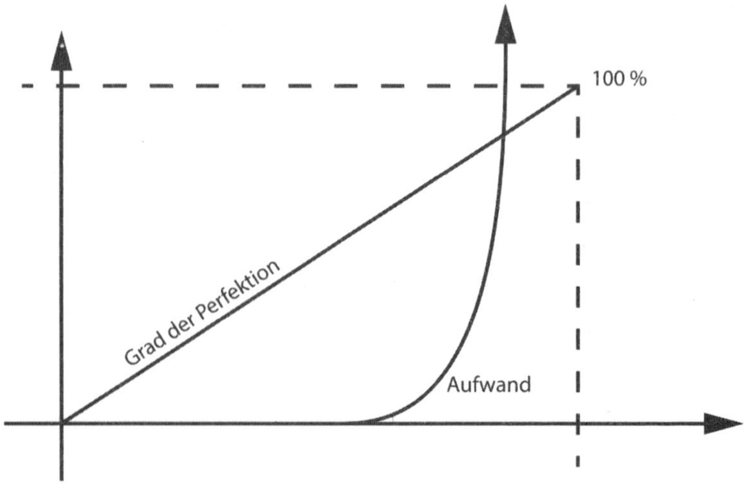

Abb. 12: Perfektion zu erreichen ist mit einem immer höher werdenden Aufwand verbunden – noch ein Grund, der gegen Perfektion spricht!

späteren Konsumenten, der ein völlig überentwickeltes Produkt anstatt der gewünschten einfachen Lösung bekommt. Dabei ergibt sich zudem eine Kurve zwischen dem Grad der erreichbaren Perfektion und dem Aufwand, der für diesen betrieben werden muss. Der Quotient aus beiden steigt gegen Ende immer steiler an, wie Abbildung 12 verdeutlicht.

Das lässt sich leicht an Hochleistungssportlern verdeutlichen: Fahrradfahren lernt man vielleicht in wenigen Stunden oder Tagen. Aber den Col du Tourmalet als einen der »heiligen Berge« der Tour de France als Erster hochzufahren, braucht jahrelange intensive Vorbereitung und hartes Training. Während es also bei der anfänglichen Entwicklung des eigenen unperfekten Business gut ist, ausreichend Zeit einzuplanen, kann es am Ende hilfreich sein, diese zu begrenzen. Denn sogar bei der Tour de France gewinnt immer der Schnellste – und nicht der Trainingsweltmeister.

Die wirkliche Perfektion und Meisterschaft verhindert in aller Regel sogar die Marktreife eines Produktes oder produziert unter Umständen handfeste Wettbewerbsnachteile gegenüber den Mitbewerbern – aber sie bringt nicht die erhofften Wettbewerbsvorteile auf der inhaltlichen Ebene.

Die andere Seite der Perfektionsmedaille ist die Angst vor dem Flop. Wer ein Produkt erstellt – und das ist bei »Erstanbietern« häufiger zu sehen und zudem eine ziemlich deutsche Angst –, sorgt sich wegen der Konsequenzen einer nicht perfekten Ausgestaltung dieses Angebotes. Was, wenn das Produkt nicht performt oder den Kunden nicht gefällt, wenn es zu Support-Anfragen kommt, weil etwas nicht verstanden wird, oder das Produkt gar zurückgegeben wird? Das empfinden Menschen häufig als persönliche Zurückweisung.

Dann ist das eigene Mindset gefragt – das ist ausdrücklich kein Appell zum Pfusch an dieser Stelle, ganz im Gegenteil: Achten Sie unbedingt darauf, ein gutes Produkt auszuliefern, das nach der 3-F-Regel auf Ihren guten Namen, Ihren Fame einzahlt. Das gelingt besser, wenn Sie überhaupt eine Lösung für ein Problem Ihrer Kunden offerieren – und nicht, wenn das Produkt nie zum Kunden kommt, weil es noch perfektioniert werden muss.

Außerdem sind Support-Anfragen und Rückfragen Ihrer Kunden gut für den Anbieter, auch wenn das nicht so scheint: Der Kunde setzt sich mit Ihrem Produkt auseinander, will es wirklich nutzen und fordert nun von Ihnen eine Verbesserung des Produktes, das er nicht nur in Betracht gezogen, sondern sogar gekauft hat. Dann haben Sie in diesem Moment vielleicht schon 93 Prozent der notwendigen Produktqualität (nur für diesen Kunden, bei anderen, die sich nicht melden, kann es auch mehr sein) erreicht, und die Kunden geben Ihnen nun einen klaren Hinweis darauf, wo die letzten 2 Prozent für eine 95-prozentige Perfektion zu suchen sind.

Diese 2 Prozent müssten Sie sonst in erheblich aufwendigeren Prozessen selbst suchen, und die letzten 5 Prozent Perfektion zahlt der Kunde selten. Vielfach ist das Streben nach diesen letzten 5 Prozent sogar von Anfang an zum Scheitern verurteilt.

Perfektion liegt immer im Auge des Kunden

Das mag schon in der Tatsache begründet sein, dass Produkte für verschiedene Kunden mit individuellem Hintergrund ausgeliefert werden. Automobile etwa werden in der Regel für einen bestimmten Korridor an Körpergrößen der Fahrer hergestellt. Wer darüber oder darunter rangiert, hat ein Problem und wird das Fahrzeug kaum als 100-prozentig passend verkaufen können.

Die Hersteller aber müssen eine durchschnittliche 95-Prozent-Lösung wählen, also die 5 Prozent besonders große oder kleine Menschen ausklammern, weil sonst das Auto mit allen anderen anzupassenden Teilen unbezahlbar und am Markt vorbei entwickelt würde.

Und was bei ingenieursgesteuerten Prozessen und nachweislicher Funktionalität klar wird, ist bei Fragen des reinen Geschmacks natürlich umso einleuchtender: Der beste Wein oder die schönste Tapete – da werden die Hersteller immer jene Kunden verlieren, die einen anderen Geschmack haben. Auch hier genügt es, wenn der perfekte Wein 95 Prozent der Menschen erreicht und wenn 95 Prozent der Menschen sagen: »Diese Tapete gefällt mir.«

Übrigens ist das weit weniger ein Problem, das man hinnehmen muss, als es scheinen mag. Die Eigenschaft zu polarisieren kann sogar zu einem Wettbewerbsvorteil werden. Helene Fischer beispielsweise ist einerseits eine der erfolgreichsten Künstlerinnen ihres Genres – und andererseits die am meisten geschmähte Sängerin Deutschlands. Sie verliert nicht etwa 5 Prozent der Menschen, sondern wird von 25 Prozent der Bevölkerung als »nervig« (siehe Abbildung 13) beschrieben[41] und sicherlich bei den Musikverkäufen gar nicht berücksichtigt.

Dennoch wird Helene Fischer kaum beim nächsten Album eine Reggae-Nummer, ein Technolied, *Peter-und-der-Wolf-Musik* oder ein Rammstein-Cover singen, nur um breitere Fangruppen zu erreichen – sie würde ihre Kunst und die eigene Marke im Gegenteil damit verwässern und sich selbst schaden.

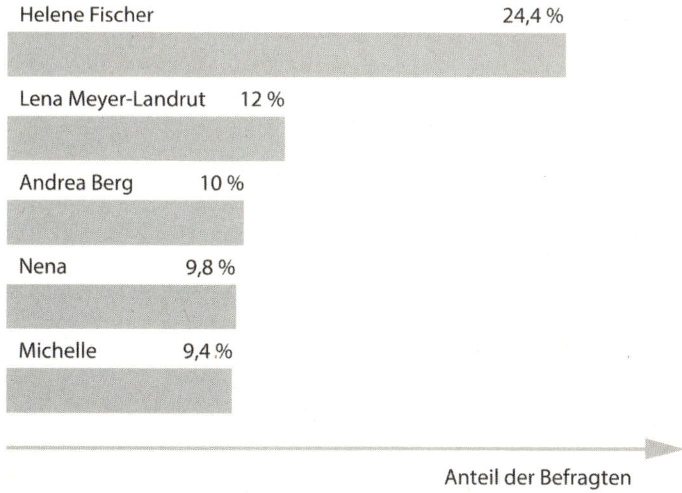

Abb. 13: Die »nervigsten Sängerinnen« Deutschlands. Quelle: Statista

»Fürchte nicht die Perfektion, du wirst sie eh nicht erreichen!«
Salvador Dalí

Perfektion ist also eine Herausforderung für jedes Business und Vorhaben, aber insbesondere für den Selfmade-Job oft kein Zugewinn. Die selbstbewusste Haltung Dalís ist dabei sogar viel eher eine ideale Lehre, an Dinge heranzugehen. Die damit transportierte Leichtigkeit gegenüber dem eigenen Scheitern an der Perfektion sollte wegweisend sein, zumal sich sogar die größte Sorge vor dem Flop und dem möglichen Schaden durch mangelnde Perfektion ein Stück weit entkräften lässt: Was, wenn Ihre Kunden Fehler finden, weil Ihr Produkt nicht perfekt funktioniert? Dann verbessern Sie es und machen mit solch einem Update Ihre Kunden zufriedener.

Haben Sie schon einmal vor einem PC gesessen und auf den Bildschirm gestarrt, bei dem eine Fortschrittsanzeige den Stand eines Updates zeigt? Da werden regelmäßig große Mengen an Daten neu auf das System des Computers gespielt, und ein beträchtlicher Anteil davon sind Verbesserungen, Fehlerbehebungen und Sicherheits-Updates. Die großen Softwarehersteller haben die Entwicklung der Software ausgelagert – und zwar auf Ihren Schreibtisch.

Bei Windows oder iOS akzeptieren das die Kunden als gegeben – es scheint nun einmal notwendig, bei dem einen mehr, beim anderen weniger. Unter anderem deshalb, weil es immer schon so war und weil das Produkt auch alternativlos ist, wenn es nicht ein Nischenbetriebssystem wie Linux werden soll.

Also starren die Kunden brav auf den blauen oder schwarzen Bildschirm und schauen dem Fortschrittsbalken zu. Solche Updates werden sogar mitunter als echte Hilfe akzeptiert: Wer ein fünf bis zehn Jahre altes Fahrzeug mit digitalen Anzeigen fährt und sich sein kleines Display mit wenigen Funktionen anschaut, das mit traumwandlerischer Sicherheit in jeden Stau fährt, und deshalb lieber sein Smartphone zum Navigieren nutzt, der wird ein wenig neidisch auf neue Fahrzeuge blicken, bei denen diese Updates zu einem technologischen Fortschritt geführt haben, weil sie over the air (also per Mobilfunk) in das Fahrzeug kommen und die Software dadurch immer aktuell ist.

Im Grunde ist das aber altes Denken. Gerade bei digitalen Produkten wie Ihrer eigenen App können Sie jederzeit etwas ändern oder gar die Ansprache der Kunden nachjustieren, wenn diese beiden Elemente nicht die gewünschten Ergebnisse erzielen. Die Art zu denken, die sich aus der Verbundenheit mit alten, perfekt und ingenieursmäßig ausgestalteten Produkten des Industriezeitalters zu erklären scheint, ist hier wenig hilfreich.

Das unperfekte Business bietet die höchste Form der Qualität

Das Streben nach einer möglichst hohen Perfektion, das viele Anbieter prägt, kann den Kunden enttäuschen und ihn sogar aggressiv machen. Perfektion ist aber nicht gleichbedeutend mit Qualität. Aber was ist eigentlich Qualität, und wie wird die höchste Stufe erreicht?

Das *Gabler Wirtschaftslexikon* beschreibt in seinem Artikel zur Qualität: »Übereinstimmung von Leistungen mit Ansprüchen.«[42]

Das kommt ziemlich harmlos daher, aber es deckt im Grunde einen Irrglauben auf, dem viele Menschen in Bezug auf Qualität aufsitzen. Sie denken, dass Qualität vor allem ein Erreichen von höchsten technischen Standards darstellt.

Es ist ein fast schon tragisches Paradoxon, dass das Streben nach einer abstrakten »Qualität« dabei das Gegenteil dessen erzielt, was der Hersteller oder Anbieter eigentlich zu erreichen sucht. Daraus leitet sich ein wichtiger Appell ab, der eine echte Abkürzung zum unperfekten Job aufzeigt, aber nicht intuitiv ist:

Sie sollten nicht nach der Perfektion, sondern nach der höchsten Qualität streben.

Perfektion hat den Nachteil, dass Sie sie ohnehin nicht erreichen werden, während höchste Qualität sogar das Erreichen des Ziels beschleunigt. Dass diese Ideen gegenintuitiv daherkommen, ist übrigens von Vorteil, denn gegenintuitive Wahrheiten haben oft das Potenzial, dass sie eben Wettbewerbsvorteile versprechen, wenn man sie dennoch beherzigt.

Ein Unternehmen sucht für ein Produkt eine sehr kleine Schraube und fragt weltweit bei Schraubenherstellern an. Die erste Mail geht ins Silicon Valley: »Können Sie ein Gewinde im Mikrometerbereich erstellen?« Die Antwort kommt umgehend: »Nein, tut uns leid, das können wir nicht. Wofür auch, so präzise arbeiten wir nicht.«
Die zweite Anfrage geht in die Schweiz. Nach drei Tagen kommt die Antwort: »Wir bedauern, Ihnen mitteilen zu müssen, dass wir selbst mit modernster schweizerischer Technik nicht in diesem Toleranzbereich fertigen können.«
Die letzte verzweifelte Anfrage geht ins Schwabenland, die Region der deutschen Tüftler und Feinmechaniker. Zwei Wochen lang kommt gar keine Antwort. Dann fragt die Firma, die den Auftrag

vergeben will, nach. Antwort: »Selbstverständlich können wir das, wir überlegen nur seit 14 Tagen, ob ein Rechts- oder Linksgewinde besser ist.«

Das ist eine hohe technische Qualität, für die deutsche Ingenieure und Maschinenbauer weltweit bekannt sind. Aber das ist nicht die ganze Wahrheit über Qualität. Das *Gabler Wirtschaftslexikon* schreibt nämlich weiter: »Qualität ist ein Gesamteindruck aus Teil-Qualitäten (z. B. funktionale Qualität, technische Qualität, Dauerqualität, Integralqualität oder ökologische Qualität), die sich bei jeder differenzierbaren Eigenschaft eines Produktes bilden lassen. Der Qualitätsbegriff kann subjektiv (subjektive Qualität) und objektiv (objektive Qualität) interpretiert werden.«

Die technische Qualität, die am ehesten mit der Qualität eines Produktes oder einer Leistung assoziiert wird, ist nur eine Teilqualität. Und noch interessanter: Der Qualitätseindruck kann subjektiv oder objektiv sein. Ersteres ist dabei eher etwas für die Ingenieure, die das Produkt entwickeln, Letzteres für die Kunden. Kunden bewerten eher die subjektive Qualität, die eben nicht primär die technische ist. Warum also daran herumentwickeln und nicht wie das Silicon Valley aus der Geschichte sagen: »Wir können das nicht, da haben wir keinen Fokus drauf.«

Wenn Sie sich schon einmal mit Projektmanagement beschäftigt haben, dann haben Sie sicherlich einige gängige Tools kennengelernt, zum Beispiel Asana oder Trello als verbreitete Software oder Microsofts »Projects«. Ein Kunde berichtete uns, dass er Projects-Schulungen für einen großen Autobauer gibt und dabei einzelne Teams mit dem Tool ausstattet, das unter anderem Deadlines, Aufgaben und gegenseitige Abhängigkeiten von Aufgaben grafisch darstellt, Aufgaben an Mitarbeiter zuweist und prüft. Über mehrere Tage sind diese dann in der Lage, ein Projekt für ein bestimmtes Bauteil in diesem Projektmanagement-Tool anzulegen. Das funktioniert gut und hilft, diese komplexen Aufgaben im Team an verschiedenen Standorten auch bei abweichenden Kenntnissen und Informationen zu erledigen: Irgendwann muss nach zwei Jahren Entwicklung das Logo vorne am Auto zur gleichen Zeit am Fließband bereitliegen wie der Auspuff hinten. Das ist eine großartige Leistung.

Trotz der Möglichkeiten solcher Tools mögen für Ihre Zwecke manchmal ein Stift und ein Zettel bessere Dienste leisten als dieses geniale Tool, das solche Vorgänge überhaupt ermöglicht. Oder Sie nehmen eine einfache Excel-Tabelle. Beides hätte für Ihr Projekt die bessere Qualität, denn Sie müssen sich nicht in die hochkomplexe Projektmanagementsoftware einarbeiten.

Stift, Papier und Excel sind für Sie von höherer Qualität, weil sie Sie Ihrem Ziel intuitiv, schneller und ohne das Erlernen neuer Software näherbringen.

Versuchen Sie jedoch, ein neues Kompaktklassemodell mit einem Stift und Zettel zeitsensibel und in allen Details präzise und zuverlässig zu planen, dann wird das nicht funktionieren.

Womöglich würden Sie aber für Ihre eigenen Zwecke sagen: »Selbst wenn mir jemand die ganzen Tage der Schulung schenkt mit der Bedingung, dass ich dieses Tool für meine täglichen Aufgaben nutzen und Stift wie Zettel in die Schublade einschließen muss, würde ich ablehnen, denn ich bin zufrieden.«

Einfachheit ist eine Qualität an sich. Für die tägliche To-do-Liste braucht es vielleicht auch nicht mehrere Manntage Schulung im Voraus. Das System MS Projects ist um ein Vielfaches detaillierter ausgearbeitet, kann mehr abbilden und automatisieren und vergisst nichts. Aber es kann zu viel, und die Gefahr wäre groß, dass ein Kunde, der nicht wirklich viele Funktionen braucht, es dann lieber liegen lässt und gar kein Projektmanagement macht oder sich Stift und Zettel holt. Das System erfüllt für viele Kunden nicht die Erwartungen an eine einfache und schnelle Lösung. Das ist das Erreichen einer subjektiven Qualität durch eine überentwickelte technisch-objektive Qualität.

Das Hinzufügen mehrerer Features führt manchmal dazu, dass diese für den Kunden den Nutzwert, also den Benefit, verschleiern oder gar aushebeln. Feature und Benefit sind zwei zentrale Begriffe der Beschreibung einer funktionierenden Kundenansprache und einer idealen Qualität: Wenn Sie Bohrmaschinen herstellen und diese vermarkten wollen, dann gehen Ihre Kunden in den Baumarkt und bezahlen an der Kasse für die neu gewonnene Möglichkeit, ein Loch in die Wand zu machen. Das Loch ist der Benefit, das eigentliche Ziel; die Bohrmaschine ist das Feature, das Instrument zur Erreichung des Ziels.

Kaum jemand möchte eine Bohrmaschine um ihrer selbst willen zu Hause im Hobbykeller liegen haben. Bohrmaschinen sind selten ästhetisch ansprechend, sie sind laut und liegen die meiste Zeit nur herum. Bohrmaschinen sind ein Weg, etwas zu erreichen.

Auf dem Weg zum eigenen Business, gerne digital vermittelt und verbreitet, können Videos ein gutes Feature sein. Auch hier gilt die Unterscheidung: Wer Videos für sein Business dreht, will selten ein begnadeter Videograf werden, sondern wählt dieses Format, weil Videos weitaus besser verkaufen als andere Formen der Kundenansprache.

Und den Schnitt wollen Sie am liebsten so einfach wie möglich haben. Sie könnten Adobe Premiere als Profi-Tool verwenden. Aber dieses Programm ist für seine unendlichen Möglichkeiten bekannt. Selbst manche ausgewiesenen Profis geben an, vielleicht 20 Prozent des Programms zu beherrschen und es noch nie zur Gänze genutzt zu haben.

Sie können sich alternativ dazu InShot als App auf das Handy laden. Dann drehen Sie Ihre Videos gleich mit dem Handy und bauen mit den heutigen technischen Möglichkeiten für weniger als 300 Euro ein ganzes Filmset auf. Der Schnitt wird dann von der App erledigt, die sogar Übergänge, sogenannte Blenden, vorschlägt, weil sie zwei Videos miteinander verknüpft und dann optimiert einen Übergang vorschlägt.

Ein paar Einstellungsmöglichkeiten, und Sie haben an einem Nachmittag alle Möglichkeiten ausgereizt – aber dabei schon erste Videos veröffentlicht. Sind diese so gut wie ein Profi-Film in Premiere? Sicher nicht, aber Sie werden kaum erleben, dass jemand angesichts der Komplexität der App verzweifelt, das Projekt nicht fertigstellt oder stundenlang Tutorials schaut. Ein einigermaßen gutes Video beim Kunden ist meistens erfolgreicher als ein sehr gutes, das noch immer in der Schnittphase feststeckt, weil es alle Energie gebunden hatte. Professioneller

Filmschnitt ist nicht Ihr Business? Dann überlegen Sie sich, ob Sie das wirklich können sollen und wollen.

Ihr Kunde beurteilt Sie rein nach dem Benefit, die Features werden eher dann interessant, wenn sie nicht passen. Stellen Sie sich zwei Szenarien vor.

Szenario A: Ein Paartherapeut betreut ein Paar. Es geht um eine mögliche Scheidung. Der Therapeut erscheint in Flip-Flops zu den Sitzungen. Das Paar lässt sich nicht scheiden und bleibt noch lange verheiratet. Später erzählt es: »Der Therapeut ist toll. Mit seiner lockeren Art hat er genau den richtigen Ansatz gewählt. Ganz frischer Ansatz, kein Anzugträger, er trug sogar Flip-Flops! Wir sind glücklich!«

Szenario B: Ein Paartherapeut betreut ein Paar. Auch hier geht es um eine Scheidung. Der Paartherapeut erscheint in Flip-Flops zu den Sitzungen. Das Paar lässt sich scheiden. Später erzählt es: »Der Therapeut hat die Sache gar nicht ernst genommen, er trug sogar Flip-Flops, da hatten wir eigentlich schon verloren.«

Wenn die Zielerreichung nicht geschafft wird, dann treten plötzlich Features oder Details in den Vordergrund. Wenn aber die Erwartung des Kunden erfüllt wird, dann ist das die höchste Qualität – und das ist im Übrigen subjektiv.

Fast möchte man daher sagen: Vergessen Sie die technische Qualität, die messbar ist. Wenn Sie ein Video erstellen, das Ihrem Kunden sein Problem genau erklärt und ihm eine passende Lösung dafür offeriert, und er an Ihren Lippen hängt, weil er mehr davon hören will, dann ist es zweitrangig, ob dabei aufwendige Animationen und Effekte im Video auftauchen. Schlimmer wäre ein hochprofessionelles, aber zum Gähnen langweiliges Video, das Ihr Kunden nach kurzer Zeit wegklickt. Denken Sie daher immer »Benefit vor Feature« – und erinnern Sie sich an den Paartherapeuten.

Das beste Verhältnis zwischen Aufwand und Investment in Features einerseits und dem Gewinn andererseits liegt ohnehin abseits jedes Maximums von Aufwand und Perfektion. Die letzten 5 Prozent sind unendlich schwerer oder gar nicht zu erreichen. Aber eine gute 95-Prozent-Qualität, die sich bestens verkaufen lässt, wenn der Benefit stimmt – das geht relativ einfach und ist der Kern der Definition des unperfekten Business.

Dann kann das Ganze sogar ausgehen wie das bekannte Rennen zwischen dem Hasen und dem Igel, bei dem der schnellere Hase verloren hat, weil der kluge Igel seine Frau, die ihm ähnlich sah, kurz vor dem Ziel versteckte und diese trotz des geringeren Tempos vor dem Hasen ins Ziel kam: Eine Herausforderung von Kunden besser zu lösen als ein Big Player oder andere Wettbewerber in der eigenen Nische beispielsweise kann viel günstiger sein, als die ausgefeilteste Technik nachzuahmen – und dennoch zu besseren Verkäufen führen.

»Benefit vor Feature« also und lieber die subjektiven Erwartungen beim Kunden erzeugen und damit höchste Qualität liefern, als Perfektion zu suchen.

In diese Gleichung müssen Sie jetzt nur noch Ihr eigenes Produkt einfügen. Hier kommt dann doch noch eine Verbindung zur Perfektion zustande. Ein Porsche der höchsten Leistungsstufe muss sich immer auf dem Nürburgring beweisen und sich dort regelmäßig – bei Modellwechseln etwa – der Performance der Wettbewerber in diesem exklusiven Segment stellen. Die schnellste Runde dieser Sportwagenklasse ist das technische Maß aller Dinge. Damit diese Runde erreicht werden kann, zählen viele einzelne Eigenschaften des Fahrzeugs wie die Gewichtsverteilung, die Leistung und nicht zuletzt die Bremsen. Also werden manche Fahrzeuge mit Hochleistungskeramikbremsen ausgerüstet, die hitzefester sind und daher bei höchster Belastung länger und besser verzögern als beispielsweise Stahlbremsen. Hier wird technische Qualität plötzlich relevant für den Kunden, selbst wenn dieser das Fahrzeug niemals in solchen Grenzbereichen bewegen würde.

Ein Satz dieser Bremsen kostet mehr als ein ganzer Kleinwagen. Dieser bringt aber mehr Personen und mehr Gepäck zu niedrigeren Kosten ans Ziel, im Berufsverkehr sogar gleich schnell. Mehr noch: Für viele Käufer des Porsches ist die Bremse ebenso unwichtig wie für den Kleinwagenfahrer, weil sie zwar etwas schneller bremst, aber auch die Stahlbremse kaum an die Hitzegrenze gerät, weil gar nicht auf der Rennstrecke gefahren wird.

Aber man könnte! Und damit wird klar, dass Qualität eben auch einen höchst subjektiv wahrgenommenen (emotionalen) Qualitätsanteil hat, der an messbare Eigenschaften kaum gebunden ist. Und die Porsche-Bremse erfüllt eine Erwartung des Kunden definitiv: Sie ist eine der besten Bremsen im Automobilbau, bremst rekordverdächtig – das kann auch mal Schlimmeres verhindern, gerade wenn das Auto schneller fährt als ein Kleinwagen.

Der Kleinwagen macht aber mindestens genauso gut, was er soll, nämlich seine Passagiere möglichst günstig von A nach B transportieren, sodass die Art der Bremse in den Hintergrund tritt. Dabei sind weder die Spaltmaße des Fahrzeugs noch irgendein Performance-Wert des Motors oder des Fahrwerks so wichtig, dass sie den Porsche-Fahrer dazu bringen würden, auf den Kleinwagen umzusteigen.

Ein Kleinwagenkäufer erwartet nicht, dass das Fahrzeug teilautonom mit 230 Stundenkilometern über die Autobahn fährt oder selbstständig einparkt. Weil der Kleinwagen das nicht kann, wird es aber auch gar nicht bewertet und dafür auch nicht bezahlt. Die Einfachheit ist daher Qualitätsausweis.

Es gibt nirgendwo perfekte Produkte!

Das perfekte Produkt ist eine Fiktion, geschaffen von der eigenen Vorstellung, einen irgendwie gearteten Zustand eines Produktes zu erreichen, in dem nichts mehr fehlt. Aber das »perfekte« Produkt ist nicht das, bei dem es nichts mehr hinzuzufügen gibt – es ist das Produkt, bei dem nichts mehr weggelassen werden kann.

Um es nochmals unmissverständlich auszudrücken: Qualität ist vordringlich technische und messbare Qualität, die mit der Schieblehre, der Feinwaage und dem Laser bewertet wird und sich in Präzision ausdrückt, in Haltbarkeit und Perfektion. Aber Qualität, die der Kunde kauft, ist eben genau das nicht, wie wir gesehen haben, sondern liegt in der Erfüllung der Erwartungen des Kunden begründet. Nur in wenigen

Ausnahmen ist die technische Qualität das kaufentscheidende Kriterium.

Bei Autos von Bentley oder Audi loben die Kunden die Innenraumqualität und sehen diese als Wettbewerbsvorteil gegenüber anderen Herstellern: Hier ist die handwerkliche Qualität von hoher Bedeutung. Ein Ferrari aber darf auch eher grob zusammengebaut sein und großzügigere Spaltmaße zeigen, da andere Werte in den Vordergrund treten, zum Beispiel die Emotion, einen echten Ferrari zu fahren.

Ein anderes Beispiel: Eine Kopfschmerztablette ist wenig durchdesignt, die Verpackung nicht schön, aber dafür wiedererkennbar gestaltet – die Qualität macht hier aus, dass sie rasch Kopfschmerzen beseitigt.

Ein erster Ansatz für Ihr eigenes Selfmade-Projekt: Erstellen Sie nicht das Produkt, das alles hat, sondern das, bei dem man nichts mehr weglassen kann. Provokanter ausgedrückt: Erstellen Sie das schlechteste Produkt, das Sie gerade eben so noch verkaufen können – und verbessern Sie es dann nach dem Grüne-Bananen-Ansatz.

In den Wirtschaftswissenschaften heißt dieses Vorgehen »Minimum Viable Product«, das »gerade so lebensfähige Produkt«.

»If you're not embarrassed by the first version of your product, you've launched too late.«

Reid Hoffman, Gründer von Linkedin

Wie wird ein Produkt normalerweise erstellt beziehungsweise wie lässt sich eine Produktentwicklung am Reißbrett darstellen? Hierzu drei Beispiele.

Sie sind Anwalt für Verkehrsrecht, und Ihr Telefon steht nicht mehr still, weil eine Novelle des Bußgeldkatalogs und die spätere Rücknahme vieler Bußgeldbescheide die Beschuldigten und Verwarngeldzahler im Unklaren lassen, ob sie ihr Geld zurückfordern können.

Früher hatten die Halter von teuren Koi-Karpfen mit dem Problem zu kämpfen, dass die Tiere nicht ablaichen konnten. Mit der Erfindung der sogenannten Ablaichbürste war dieses Problem dann gelöst.

Beide Ansätze zeigen ein klares Problem einer bestimmten Zielgruppe auf. Genauso erging es der Gründerin des E-Commerce-Unternehmens Amorelie, Lea-Sophie Cramer, nach eigener Aussage:[43] Sie sah zunächst den großen Erfolg der Romane und der Filmreihe *Fifty Shades of Grey*. Als Schlussfolgerung hat sie breiteren Bevölkerungsschichten eine hohe Bereitschaft attestiert, eigentlich eher verborgene Themen wie Sexualität offener zu diskutieren. Hierin sah sie einen gesellschaftlichen Wandel. Zudem beobachtete sie, dass die klassischen Anbieter von Erotikartikeln in wirtschaftlich immer schwierigere Situationen gerieten und traditionell ohnehin nur bestimmte Zielgruppen erreichten. Daraus zog sie ihre Schlüsse für eine Produktidee. In der Schnittmenge zwischen einem bestehenden Markt und einer sich abzeichnenden Entwicklung sah sie eine Marktchance. Sie gründete die Firma Amorelie und vertrieb Erotikartikel mit einer völlig neuen Markenpräsentation und einer dezent-bürgerlichen Kundenansprache.

Diese drei Beispiele zeigen, wie Business-Ideen entstehen können.

Damit ist aber die Frage, ob für diese erste Idee auch eine reelle Marktchance besteht, nicht beantwortet. Also ist es im nächsten Schritt, der klassischen Produktentwicklung folgend, wichtig, eine Marktanalyse zu starten und zu fragen, ob Kunden dieses Produkt kaufen würden. Schließlich will niemand ein Produkt entwickeln, das später keiner kauft.

Es ist nicht zwangsläufig so, dass aus einer guten Idee für eine Nische auch ein funktionierendes Business entsteht. Was ist, wenn die Menschen zwar mittlerweile offen und selbstbewusst im ICE das Buch *Fifty Shades of Grey* lesen und durch die Inhalte inspiriert sind, das eine oder andere selbst einmal zu probieren – oder mindestens offener für eine enttabuisierte Sexualität eintreten –, aber dennoch nicht in dem angedachten neuartigen Online-Shop kaufen würden? Ideen gibt es immer und überreichlich, aber nicht immer einen Markt.

Das im Voraus zu beleuchten ist jedoch komplex, denn eine gute Marktanalyse verlangt die Ansprache vieler potenzieller Kunden; gegebenenfalls ist es sogar erforderlich, eine Agentur für diese Aufgaben zu engagieren und hier zu investieren. Eine solche Marktforschung ist jedoch extrem aufwendig, teuer und zeitraubend.

Ansonsten kann und muss auch aufs Geratewohl ein Produkt entwickelt und dann nach dem Prinzip Hoffnung der Verkaufserfolg gesucht werden – so der oft gehörte Grundgedanke. Und in der Tat ist das der Weg vieler Gründer, die sich als Solo-Selbstständige versuchen und, weil sie keine Marktforschung betreiben können, einfach loslegen. Daran ist nichts Schlechtes; es ist aber erstens nicht notwendig, denn es gibt einen smarteren Weg. Und zweitens kommt beim Weg in das eigene Business oft ein klassischer Fehler hinzu, der den ersten Fehler, keine Marktforschung zu betreiben, potenziert.

Nachdem die Marktanalyse gewissermaßen übersprungen wurde oder sehr rudimentär erfolgte, wird das Produkt entwickelt. Schließlich muss es ja angeboten und verkauft werden. Dabei durchläuft dieser Prozess üblicherweise eine Pyramide der Produktentwicklung, beginnend unten mit der Funktionalität des Produktes, der breitesten Stelle der Pyramide, der größten Aufgabe.

Jedes Produkt muss technisch entwickelt werden, sogar reines Wissen muss in eine Struktur gebracht werden, damit man es anbieten kann und es seinen Weg zu den Kunden findet. Dabei ist es egal, ob es sich um eine Dienstleistung, ein haptisches Produkt oder ein digitales Angebot handelt. Also lautet eine häufige Meinung: alle Kraft in die Entwicklung der bestmöglichen Funktionalität des Produktes stecken, wie Abbildung 14 zeigt.

Auf diese Produktentwicklung wird viel Zeit verwendet und es ist dabei auch der erste Punkt, an dem technische Qualität zu einem Maßstab erklärt wird – aber eben nur die technische! Es soll das beste Produkt seiner Art werden, die besten Chancen am Markt haben. Das ist beispielsweise sogar das Ziel beim Bau eines – austauschbaren – Kleinwagens: Er soll den besten Kompromiss aus Qualität und Produktionskosten finden und jeden Autotest gewinnen, so gut es eben geht, oder in einem Bereich kaufentscheidend sein.

Entwickler verschwenden hier oft viel Zeit damit, sich an das eigene Produkt heranzutasten, sie erarbeiten Inhalte und Funktionen und nei-

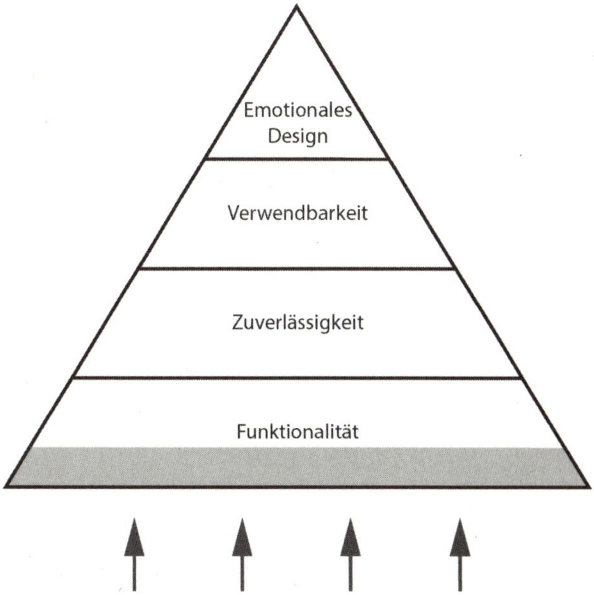

Abb. 14: Der ingenieursgetriebene Entwicklungsprozess, klassisch verwendet beispielsweise in Unternehmen

gen dazu, mehr Features als notwendig in das Produkt hineinzubauen – weil sie eben doch das perfekte Produkt schaffen wollen.

Wenn Ihnen zum Beispiel auffällt, dass die Menschheit dringend Korkenzieher braucht, dann sollten Sie nicht versuchen, das beste Schweizer Offiziersmesser der Welt zu bauen, auch wenn da dann ein Korkenzieher enthalten ist. Und schon gar nicht sollten Sie jahrelang an der integrierten Säge herumoptimieren. Der Selfmade-Job-Ansatz würde lauten: Konstruieren Sie schnell gute Korkenzieher und verkaufen Sie diese!

Wenn dann die Angst vor dem Scheitern und die Produktverliebtheit hinzukommen, wird so viel Zeit in die reine Entwicklung der Funktionalität gesteckt, dass das anvisierte fertige Produkt gar nicht mehr entsteht. Vermutlich scheitern mehr Produkt- und Business-Ideen daran, dass sie zu perfekt sein sollen, als daran, dass bei einem fertigen Produkt noch nicht alles perfekt ist.

Ein zu 95 Prozent fertiges (weil noch nicht perfektes) Produkt ist aus Kundensicht zu 0 Prozent fertig, wenn es noch nicht am Markt erhältlich ist.

Ein Produktstart ist binär: Entweder der Kunde kann es kaufen – oder nicht. »Ziemlich marktreif« bedeutet also: nicht existent. Die Perfektion ist deshalb so ein hartnäckiger Gegenspieler auf dem Weg zum eigenen Produkt, weil sie im Prozess der Produktentwicklung – um es bildlich auszudrücken – immer um alles umherschleicht und heimlich, still und leise immer mehr und mehr Raum in Anspruch nimmt. Das schärfste Schwert dagegen ist das Wissen um diese Zusammenhänge.

Längst vervielfacht dann diese lange Produktionszeit womöglich den ersten kleinen Fehler, nicht genau geschaut zu haben, ob es einen Markt für das Produkt gibt oder was der spätere Käufer wirklich haben möchte, weil an einem Produktteil entwickelt wird, das keiner benötigt.

Es gibt zahlreiche Beispiele für Produkte, die gefloppt sind, wie etwa »New Coke«, die neue Coca-Cola, die niemand haben wollte und die dann wieder durch die alte Coca-Cola – die dann aber nicht »Old Coke« hieß – ersetzt wurde, oder die »Google Glasses«, die Datenbrille, die an ihrem horrenden Preis und am Datenschutz scheiterte, weil sie einfach filmte, was vor der Brille geschah, und dies dann verarbeitete.

Ähnlich erging es dem MP3-Player »Zune« von Microsoft, der an den Erfolg des iPod anknüpfen sollte, aber nur ein schlechteres Me-too-Produkt[44] war, das zudem aus Kundensicht von einem Hersteller kam, der für Software und nicht für Hardware bekannt war.

Immerhin haben diese Produkte es geschafft, als Beispiele für Flops der Markengeschichte herangezogen zu werden; viele andere gescheiterte Produkte kommen erst gar nicht so weit und verschwinden bald nach der ersten Idee wieder aus der Welt, ohne wirklich je richtig da gewesen zu sein.

Während große Konzerne ein nicht marktfähiges Produkt wenigstens noch so weit bringen, dass es überhaupt scheitern kann und sie aus diesem Scheitern dann lernen, kommen viele kleine Anbieter, die ihr eigenes Selfmade-Business planen, gar nicht dorthin.

Wie die Pyramide in Abbildung 14 zeigt, werden nach der Funktionalität auf den nächsten Stufen die Zuverlässigkeit, die Verwendbarkeit und das emotionale Design des Produktes entwickelt. Und auch das braucht Zeit.

Jede Stufe kann Unmengen an Zeit, Geld und Aufmerksamkeit beanspruchen, weil in weniger wichtige Aspekte viel investiert wird, ausschweifende Überlegungen über den Namen des Produktes, die Farbe des Versandkartons oder die schöne Website angestellt werden, die technisch das Bestmögliche darstellt. Dabei aber potenziert sich das grundsätzliche Problem, dass das Produkt womöglich vom Kunden nicht angenommen wird, mit jeder weiteren Stufe der Produktentwicklung, weil eben nie der Kunde dazu gefragt wird.

Zudem wird die Entwicklungszeit stärk verlängert, generelle Hürden in höheren Stufen fallen kaum gleich zu Beginn des Prozesses auf, und die Entwicklungen des Marktes gehen teilweise am Prozess vorbei.

Das grüne Ketchup der US-Firma Heinz (ein weiterer großer Flop) ist aber sicher nicht nur an seinem Namen »Green Sauce« gescheitert, sondern auch an vielen anderen Faktoren. Im Wesentlichen hatte es neben der Farbe, die am Anfang ein Gag für Kinder war und dem Produkt einen kurzzeitigen Erfolg bescherte, keinen echten Vorteil zu bieten, und der Kunde kehrte dann zum bekannten roten Ketchup zurück.

Der Selfmade-Job-Ansatz: von der Seite in die Pyramide

Die Lösung der Probleme, die mit der Pyramide zusammenhängen, liegt aber zumeist nicht darin, nun eben doch eine vollkommene Marktanalyse durchzuführen. Denn die schlechte Nachricht vorab: Als Solo-Start-up können Sie vermutlich weder die Marktanalyse durchführen, noch die genaue Funktionalität, Zuverlässigkeit, Verwendbarkeit oder das Design Ihres Produktes im Voraus perfekt testen und optimieren. Nicht einmal Weltkonzerne können das, wie die zahlreichen Flops der Markengeschichte zeigen.

Die gute Nachricht: Das müssen Sie auch nicht, und das sollten Sie nicht einmal. Denn wer weiß schon vorher, wenn er das erste Mal ein Produkt entwickelt, wie die Website dazu aussehen muss, was der beste Preis sein wird, wie man die Vorteile am besten herausstellt und welche Kunden das Produkt wo und wann kaufen? Ein Produkt in einen Markt zu bringen stellt Sie vor Herausforderungen, und diese wirken wie ein Berg, dessen Erstbesteigung Anstrengungen und höchstes Engagement fordert.

Wenn Weltkonzerne einmal ein solches Vorhaben angehen, gibt es grundsätzlich zwei Wege. Der erste ist der ingenieursgetriebene Weg, den man auch den deutschen Weg nennen könnte.

Dabei wird die Pyramide, wie beschrieben, von unten nach oben aufgebaut und durchlaufen. Ein Produkt wird zuerst auf seine Funktionalität hin geplant, und vielleicht werden Prototypen gefertigt, Qualitätskriterien aufgestellt und Lastenhefte erstellt. Das dauert beispielsweise bei einem neuen Auto mehrere Jahre. Dann wird der Fokus auf die Haltbarkeit des Produktes, also auf eine weitere Qualitätssteigerung und -sicherung, beispielsweise in der Produktion, sowie auf die Optimierung von Prozessen und Abläufen gerichtet.

Letztlich wird dann die Verwendbarkeit des Produktes darübergesetzt und dann das Design des Produktes, hier des Fahrzeugs, entwickelt. Wenn alles fertig ist und mit Ingenieursgenauigkeit vollendet wurde, dann wird das Produkt verkauft.

Das nach diesem System entwickelte Produkt ist damit komplett fertig und abgeschlossen, zum Beispiel ein Navigationsgerät. Navis sind in vielen Fahrzeugen fest integriert und aufgrund der langen Entwicklungszeit der Fahrzeuge über alle Stufen der Pyramide hinweg manchmal schon veraltet, wenn sie beim Kunden landen. Spätestens wenn Sie mit einem fünf Jahre alten Navi in eine Straße einbiegen wollen, die das Auto nicht kennt, verstehen Sie, was »fertig entwickelt« bedeutet – und greifen zum Smartphone, das sich permanent mit neuen Updates versorgt, Real-Time-Daten erfasst und dem fest eingebauten Navigationsgerät überlegen ist.

Der zweite Weg für ein komplett entwickeltes, fertiges Produkt. Der Porsche Taycan ist ein hochleistungsfähiges Elektrofahrzeug von Porsche, entwickelt, um Tesla als »Rising Star« der Branche endlich etwas entgegenzusetzen: deutsch, ingenieursgetrieben und – hoffentlich – besser in allen Merkmalen technischer Qualität.

Für ihn wurde eigens eine Fabrik gebaut, die alle Prozesse der Produktion dieses Fahrzeugs optimiert hat, weil die Produktion eines Elektrofahrzeugs ganz andere Prozesse erfordert, als dies bei Benzinfahrzeugen der Fall ist. Diese Fabrik wurde nach höchsten Ingenieursanforderungen errichtet.

Nicht nur, aber auch aus diesem Grund hat der Porsche Taycan ein Problem: Er kam recht spät auf den Markt, und den Vorteil des schnellen Marktstarts konnte er sich nicht mehr sichern. Diesen Vorteil hat sich Tesla gesichert.

Wie hat Tesla das gemacht? Die Amerikaner haben eine Fabrik im Zelt gebaut und für die Fertigung benötigte Expertise hinzugekauft. Tesla hat die Pyramide umgedreht und sich zunächst einmal für eine bestimmte Problemlösung bekannt gemacht: Im Zuge der Betrachtung des Klimawandels und verschiedener Abgasskandale waren plötzlich Elektroautos en vogue, aber weil es über Jahrzehnte keinen wirklichen Markt gab, ließen sich nur wenige Hersteller für echte Konzepte feiern wie BMW für den i3 und i8.

Dass die ersten Teslas eine schreckliche Produktqualität hatten, hat der Kunde akzeptiert – Tesla brachte anfangs ein Minimum Viable Product auf den Markt.

Dass Tesla ein Modell für den Massenmarkt entwickelte, um dann festzustellen, dass das Unternehmen zunächst gar keine Fabrik für die Massenproduktion hatte, erscheint grotesk. Dass die Technologie und die Maschinen zur Produktion nicht zur Verfügung standen, weil der Technologieführer Grohmann aus Deutschland Volkswagen und BMW belieferte und mit ihnen langfristige Verträge hatte, erschien ebenso unerheblich. Die Tesla-Lösung: Tesla kaufte Grohmann, und die deutschen Hersteller erfuhren über Umwege, dass die Firma von nun an keine Kapazitäten mehr hatte, sie zu beliefern.[45]

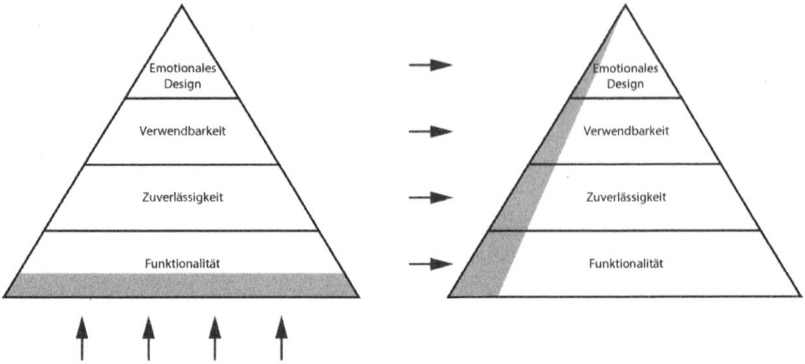

Abb. 15: Der Selfmade-Job-Weg: seitlich in die Pyramide der Produktentwicklung

Der neue Grohmann-Besitzer Tesla band alle Ressourcen, weil er sein Model 3 sehr erfolgreich am Markt platziert hatte, das man aber kaum bauen konnte, weil die hierzu erforderlichen Maschinen und Kenntnisse fehlten. Nach dem Kauf von Grohmann hatte Tesla Zugriff auf die Fertigungstechnik und stellte sie in einem Zelt in Nevada auf – eine neue Fabrik zu bauen hätte zu lange gedauert. Und damit produzierte Tesla schnell die ersten Model-3-Exemplare, während Porsche noch eines der modernsten Automobilwerke der Welt für den Taycan plante.

Tesla nahm die Pyramide der Produktentwicklung von der Seite in Angriff (siehe Abbildung 15), ordnete alles dem schnellen Markteinstieg sowie der kommunizierten Positionierung unter, diese Fahrzeuge sehr bald bauen und ausliefern zu können. Die Behebung mangelnder Dauerhaltbarkeit wurde an den Kunden ausgegliedert – wenn Innenraumteile vermehrt abfielen und zu Reklamationen führten, wurde eben nachgebessert und die Funktion teilweise im Prozess der Produktion noch entwickelt.

Was entstand, waren zu Beginn ziemlich schlechte Autos aus Fabriken, die jedem deutschen Ingenieur entweder Kopfschmerzen oder heimliche Bewunderung abverlangt hätten.

Nun ist es üblich, Tesla für seinen Erfolg zu feiern und dann abfällig auf die deutschen Autobauer zu schauen. Aber ein Spaziergang durch manche Viertel von Detroit zeigt schnell, dass auch dort die Fabriken der alten Autohersteller als Mahnmale einer krisengeschüttelten Industrie dienen. Einstweilen kann von Tesla aber gelernt werden – und das eben nicht auf der Ebene der Fabriken und großen Maschinen, wo Kapital Wissen kauft, sondern da, wo eine Produktentwicklung anders betrieben wird, nämlich nicht ingenieursgetrieben, sondern marktgetrieben, als Minimum Viable Product – und das steht als Konzept hinter dem Erfolg von Tesla. Tesla interessiert es wenig, ob die versprochenen Autos schon gebaut werden können.

Aber warum eigentlich die Eile? Einen Überblick beider Modelle zeigt die Tabelle in Abbildung 16:

	Klassische Produktentwicklung von unten nach oben in der Pyramide	**Minimum-Viable-Product-Entwicklung von links nach rechts in der Pyramide**
Risikoeinschätzung:	hoch	niedrig
Markteintrittstempo:	niedrig	hoch
Plan-B-Kompatibilität:	niedrig	hoch
Motivation durch Zwischenerfolge:	niedrig	hoch
Anpassbarkeit	niedrig	hoch
Kundennähe:	niedrig	hoch
Technische Produktqualität am Anfang	hoch	niedrig
Produktiteration	niedrig	hoch

Abb. 16: Die Vor- und Nachteile der beiden Wege zur Produktentwicklung.

Das Markteintrittstempo wird beim Minimum-Viable-Product-Ansatz massiv erhöht, weil bereits Kunden gesucht werden und diese beispielsweise etwas vorbestellen, was sie noch gar nicht gesehen haben, weil es erst noch entwickelt wird: 300 000 Tesla Model 3 etwa.[46]

Durch diesen schnellen Markteintritt ist das Risiko recht gering. Wenn alle Stricke reißen, wurde eben nicht so viel Aufwand getrieben und investiert, und es kann noch rasch auf einen Plan B gewechselt werden – und all das viel früher als beim ingenieursgetriebenen Ansatz. Schließlich ist der Anbieter viel näher am Kunden, kann von dessen Kritik lernen und von seinem Lob Motivation und erste Erfolge ableiten.

Aber das ist nicht der vordergründigste Vorteil der marktgesteuerten Produktentwicklung. Dieser liegt vielmehr in der Tatsache, dass Sie in diesem Szenario schnell den sogenannten Problem Solution Fit erreichen. Wenn Sie mit Ihrer Produktidee ein Problem potenzieller Kunden nur ungefähr getroffen haben, dann können Sie in dem beweglichen und anpassungsfähigen Konzept der marktgetriebenen Produktentwicklung die notwendigen Anpassungen an die Wünsche und Herausforderungen Ihrer Kunden schnell und präzise vornehmen. Der Problem Solution Fit ist ein Kernelement in der Entwicklung des richtigen Produktes, weil er eine Vorstufe zum sogenannten Product Market Fit darstellt. Beide Systeme schauen wir uns später in diesem Buch detaillierter an.

Der Product Market Fit stellt den Punkt dar, an dem Ihr Produkt perfekt in seinen Markt beziehungsweise seine Nische passt und sich dort gut verkaufen lässt. Aber schon beim Problem Solution Fit sind Sie auf dem richtigen Weg und wissen, dass die weitere Entwicklung des Produktes Erfolg versprechend ist.

Damit haben Sie eine schnelle Methode zur Marktanalyse, die bisher ein weißer Fleck in diesem Konzept war, gleich mit in das Konzept hineingebracht und somit auch hier eine vielleicht nicht klassische, aber sinnvolle Lösung im unperfekten Business etabliert.

Ein Beispiel zur Verdeutlichung: Sie träumen davon, einen eigenen Foodtruck zu betreiben. Ihnen ist aber klar, dass das eine große finanzielle Anstrengung bedeuten wird. Das übliche Vorgehen angesichts der erheblichen Investitionen besteht darin, sich sehr genau zu überlegen, welche Nische Sie im Bereich des Streetfood wählen

sollten: Welches Angebot gibt es noch nicht, und wo lassen sich die größten Käufergruppen erschließen?
Teil des Konzepts von Minimum Viable Product ist es dagegen, nicht gleich das Konzept des perfekten Foodtrucks umzusetzen.
Vielmehr könnten Sie mit einer kleinen und flexiblen Lösung, vielleicht einem Fahrrad mit angeschlossener, minimalistischer Kochgelegenheit, erst einmal die Akzeptanz Ihrer Food-Idee testen. Der Vorteil läge im geringen anfänglichen Investment, das einen Test der Idee sehr risikoarm und innerhalb kurzer Zeit gestattet.
Der perfekte Foodtruck kann dann später folgen.

Ein zweites Beispiel sind Smartphone-Apps und ein interessantes Gedankenspiel: Was würde die Entwicklung von Instagram, Facebook oder Uber heute kosten (siehe dazu Abbildung 17)?[47]

App:	Heutige geschätzte Entwicklungskosten:
Uber	21 700
Airbnb	20 500
Amazon	16 040
Tinder	15 600
Twitter	15 040
Facebook	15 040
Snapchat	13 100
Jeweils für Android Apps, in US-Dollar, geschätzte Entwicklungskosten für iOS liegen in der Regel etwas niedriger	

Abb. 17: Geschätzte Entwicklungskosten bekannter Apps nach heutiger Schätzung

Diese Apps waren die Grundlage von Milliardenunternehmen – und sie sind als Minimum Viable Product gestartet.

Auch diese heute milliardenschweren Unternehmen haben mit niedrigen Startinvestitionen und zunächst wenig leistungsfähigen Erstprodukten begonnen und erst aus der Erkenntnis eines bestehenden

Interesses der Kunden daraus die heute aus dem Alltag nicht mehr wegzudenkenden Produkte entwickelt.

Verbessern Sie Ihr Produkt um 1 Prozent pro Tag

Ann-Sophie Cramer, die Gründerin von Amorelie, beschreibt eine Formel, die für das unperfekte Produkt einen wichtigen Impuls liefert:

1,01 ^ 365 = 37,78[48]

Die Idee dahinter ist folgende: Wenn es gelingt, jeden Tag um 1 Prozent besser zu werden als am Vortag, dann klingt das nach einer machbaren Aufgabe. Das Interessante an dieser Berechnung, die Cramer als motivierendes Momentum ihres eigenen Business-Erfolgs anführt, ist, dass die 1-prozentige Verbesserung 365-mal pro Jahr stattfindet.

Das Ergebnis ist im linken Teil ihrer Formel abzulesen: 1,01 (die Entsprechung von 100 und einem zusätzlichen Prozent) hoch 365 ist das 37,78-Fache des Ausgangswertes: Würden Sie Ihr Produkt nur um 1 Prozent pro Tag verbessern, wäre nach einem Jahr das Produkt 37,78-mal besser geworden.

Google Design Sprint: der schnellste Weg zum eigenen Selfmade-Job-Produkt

Es fällt schwer, das eigene Produkt – wahrscheinlich besonders, wenn es das erste eigene Produkt ist – irgendwann in den Markt zu entlassen, vor allem, wenn es ein Minimum Viable Product ist.

Ein bisschen mag das frühe Loslassen daran erinnern, dass man auch die eigenen Kinder irgendwann ungern in das Erwachsensein entlässt und sie lieber ein wenig länger beschützt und bei sich behält, als es vielleicht nötig und gewünscht ist.

Jedoch müssen diese Kinder, die sich früh »draußen« bewähren müssen, dann schnell Herausforderungen erkennen und lösen, bestimmte Kenntnisse adaptieren und bekommen so eine »Street-Smartness« – eine hohe Form der Anpassungsfähigkeit und Stärke gegenüber Problemen –, können sich gut durchsetzen und erreichen mehr Lösungskompetenz, weil sie im und vom echten Leben lernen – und sie wachsen genau daran. So können Sie auch Ihr eigenes Produkt denken: Das Produkt, das sich früh mit den Herausforderungen des Marktes auseinandersetzen und weiterentwickeln kann, wird an diesen im besten Sinne wachsen.

Wie kommen Sie dann möglichst schnell zu diesem ersten Kundenkontakt, um dann weiter in großem Tempo mit der 1-Prozent-Regel das Produkt beständig fortzuentwickeln und letztlich eine gesicherte Basis eines Unternehmenserfolges zu erreichen? Das ist dann der Product Market Fit: Das Erreichen dieses Product Market Fit gilt zu Recht als der entscheidende Erfolgsfaktor für Unternehmen und damit auch für Ihr unperfektes Business.

Google hat für genau diesen Zweck den »Design Sprint« entwickelt, der eine Abkürzung von der ersten Geschäftsidee hin zu einem funktionierenden und marktgerechten Produkt herstellen soll.

Das hohe Tempo, das die Motivation durch schnelle Teilerfolge und die frühe Verknüpfung von Kunden-Feedback und Entwicklung aufrechterhält, lässt sich am besten realisieren, indem das Konzept des Minimum Viable Product möglichst radikal angelegt und das schlechtestmögliche Produkt, das noch so eben angeboten werden kann, zunächst vorläufig »fertig« entwickelt wird.

Dabei ordnen Sie möglichst viele Schritte dem schnellstmöglichen Erreichen von Problem Solution Fit und der folgenden Iteration unternehmerisch unter. In Abbildung 18 wird der Weg zum Product Market Fit dargestellt.

Der erste Blick auf Abbildung 18 sollte aber zunächst aus der Helikopterperspektive erfolgen und dabei auf den Moment der plötzlichen

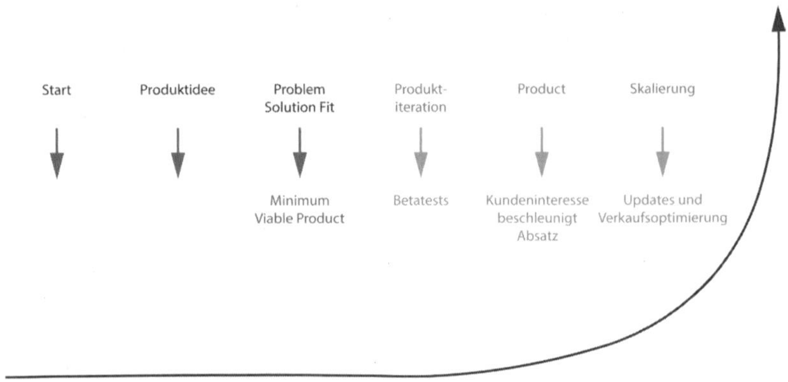

Abb. 18: Das erste Ziel der Produktentwicklung ist ein Problem Solution Fit.

Steigung der dort abgetragenen Kurve fallen, aber noch nicht auf die einzelnen Meilensteine. Die Kurve des Erfolgs steigt an einem Punkt plötzlich an. Das ist exakt der Punkt des Product Market Fit, das Ziel.

Wie macht es Google? Entwickeln Sie am Anfang gar kein Produkt, entwickeln Sie Prototypen! Die Methode, die diese Denkweise wahrscheinlich am populärsten gemacht hat, ist der Design Sprint, wie ihn Google Ventures, eine Tochter von Googles Mutterkonzern Alphabet, mit Spezialisierung auf Wagniskapitaleinsatz und die schnelle Marktreife von innovativen Ideen perfektioniert hat.[49]

Google Ventures investiert in Start-ups oder bietet anderen investierenden Unternehmen als Servicedienstleistung an, eingesetztes Kapital möglichst gut zu vermehren.

Google Ventures (kurz GV) hat eine Methode entwickelt, dieses so schnell wie möglich zu tun und die Geschwindigkeit zu instrumentalisieren: Die GV-Teams zielen in ihrem Design Sprint darauf, eine Produktidee in einem kleinen Team binnen fünf Tagen zum Status eines Prototyps und damit zu einem wahren Test der Marktchancen zu bringen. Dieser Prototyp wird selten oder nie dafür geschaffen, später in den Markt gebracht zu werden. Er soll nur das schwächste mögliche Produkt sein, mit dem so gerade eben die Marktchancen ausgelotet werden können. Und er soll als Minimalziel leisten, dem Kunden die

Problemlösung vorzuschlagen und zu schauen, ob er bereit ist, für diese Geld zu bezahlen.

Um die Art zu denken zu verdeutlichen, die dahintersteht: Es kann durchaus ein smarter Ansatz sein, beispielsweise nur die reine Verkaufsoption Ihrer Dienstleistung oder Ihres Selfmade-Job-Produktes zu erstellen und Ihren Kunden anzubieten – ohne überhaupt jemals ein Produkt erstellt zu haben.

So können Sie beispielsweise im digitalen Bereich sogenannte Click-Dummys erstellen oder eine einfache Verkaufsseite gestalten, die die Problemlösung des erdachten Produktes darstellt und dann dem Kunden diese zum Kauf anbietet.

Wenn Ihr Kunde auf den Button »Jetzt kaufen« klickt, erhält er die Information, dass Ihr Produkt gerade in der Entwicklung ist. Vielleicht schlagen Sie ihm noch vor, Beta-Tester oder einer der ersten Kunden zu werden, der zu vergünstigten Optionen einkaufen kann.

In jedem Fall wird bei diesem Ansatz sogar weniger als ein Prototyp angeboten, weil der schnelle Weg zur Überprüfung der Marktchancen über alles gestellt wird. Diese frühe Einbindung des Kunden und seiner Kaufbereitschaft in den Prozess der Produktentwicklung kann ein ingenieursgetriebener Entwicklungsprozess kaum leisten.

Dieses Vorgehen klingt sogar etwas dreist, aber es ist das Erfolgsmodell vieler Start-ups und Firmen, die eben nicht viel Budget und Energie in die Entwicklung eines später überhaupt nicht marktfähigen Produktes stecken wollen.

Eine erste Verkaufsofferte, die ihre wesentliche Kundenansprache formuliert, genügt also bereits, um den Problem Solution Fit an Ihrer potenziellen Zielgruppe zu testen. Gleichzeitig handelt es sich hierbei um eine äußerst günstige Form der Marktanalyse – und zudem eine ziemlich zutreffende. Google geht in seinen eigenen Analysen der Methode davon aus, dass bereits fünf Testpersonen genügen, um ein zu 80 Prozent sicheres Feedback der Marktchancen eines Produktes zu erreichen.[50]

Expertenmeinung: Roger Rankel
Roger Rankel ist Experte, wenn es um Kundengewinnung geht, und hat zu diesem Thema zahlreiche Bücher verfasst. Er nennt frühe Kunden auch »Fürsprecher« – im englischen Sprachraum ist auch die Bezeichnung »Evangelist« üblich.
Sie sind große Unterstützer Ihrer frühen Produkte und verzeihen auch unausgereifte Eigenarten. Fürsprecher sind auch später in schweren Zeiten loyal und treu Ihnen gegenüber. Und sie sind »First Mover« – eben Ihre ersten fünf Testpersonen.
Laut Roger Rankel sind sie besonders wertvoll, weil sie unter anderem authentische, echte Bewertungen im Internet hinterlassen, die einen Kaufimpuls für später folgende Kunden setzen.

Mit der sehr frühen Verknüpfung der Produktentwicklung mit dem Kunden-Feedback wird vor allem das Risiko der Produktentwicklung, das im Investment von Zeit, Geld und Energie sowie einer möglichen Enttäuschung liegt, gut reduziert. Auch hier wird die Spitze der Pyramide einer Produktentwicklung, wie sie im vorangegangenen Teil beschrieben wurde, äußerst schnell erreicht, weil die Stufen der harten Produktentwicklung übersprungen werden und eine Abkürzung zwischen Idee und Vermarktung gesucht wird. Wenn beide gut zusammen funktionieren, wird erst danach der Rest erledigt.

In fünf Tagen zu Ihrem komplett fertigen Produkt nach dem Google-Sprint-Modell

Unsere Empfehlung: Nehmen Sie sich fünf Tage Zeit. In diesen fünf Tagen widmen Sie jeweils einen Tag konzentriert und ausschließlich den folgenden fünf Schwerpunkten – und am Ende dieser fünf Tage haben Sie entweder einen handfesten Beleg für Ihren Selfmade-Job oder Sie entwickeln eine neue Idee.

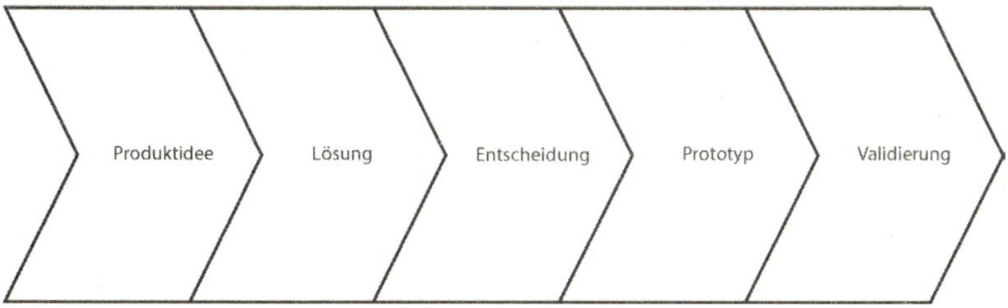

Abb. 19: Der Design Sprint nach Google

Tag 1. Die Produktidee: Nehmen Sie sich einen Tag Zeit, um Ihre Produktidee möglichst genau zu prüfen, zu formulieren und zu bewerten. Versuchen Sie, die Problemstellung Ihres Kunden möglichst klar aufzuzeigen. Aus dieser Frage entwickeln Sie dann das Geschäftsmodell, in dem sie ebenso klar formulieren, welche exakte Problemlösung Sie hier anbieten wollen.

Dabei schauen Sie auch, wie das Problem gegebenenfalls bisher durch Sie oder durch andere Anbieter gelöst wurde und welche Verbesserung Sie auch hier im Vergleich darstellen können. Sie erfassen mögliche Änderungen des Problems oder Tendenzen im Markt, die Sie womöglich schon ablesen können. Ferner schauen Sie, welche anderen Anbieter und Unternehmen mit ähnlichen Produkten das von Ihnen formulierte Ziel lösen und wie sie das tun, um Anknüpfungspunkte für die eigene Geschäftsidee zu finden.

Tag 2. Die Lösung: Nachdem Sie den ersten Tag der Frage gewidmet haben, welches Problem Sie für welche Kundengruppe lösen wollen, gehört der zweite Tag der Lösung. Versuchen Sie, möglichst viele Lösungsvarianten für das Problem des Kunden zu vergleichen: Erstellen Sie dazu Tabellen mit Vor- und Nachteilen der einzelnen Methoden anhand der folgenden Kriterien: Kosten, Aufwand der Anwendung für den Kunden, Kopierbarkeit Ihrer Lösung durch andere Anbieter, eigene Autorität für diese Lösungskompetenz, Abgrenzbarkeit Ihrer Lösung gegenüber anderen und Alleinstellungsmerkmale (auch USP, unique selling points). Legen Sie hierbei besonderen Wert darauf, vor allem Qualität in der Lösung zu erzeugen, also die Erwartungen des Kunden bestmöglich zu erfüllen. Die technische Qualität spielt an diesem Tag keine Rolle! Nutzen Sie die Tage »sortenrein« und überlegen Sie bei der Entwicklung von Lösungen noch nicht, wie diese umgesetzt werden können. Sie würden sich sonst vorschnell in der Vielfalt der Lösungen beschneiden – hier kommt es nur aufs Brainstorming an.

Tag 3. Die Entscheidung: Am dritten Tag entscheiden Sie, welches Lösungskonzept Ihnen am besten erscheint. Hierfür bewerten Sie die einzelnen Lösungen im Vergleich zueinander, die Sie am Vortag erarbeitet haben. Es ist besonders wichtig, dass Sie diesen Prozess nicht in den zweiten Tag hineinziehen, weil dieser möglichst wertfrei und objektiv den möglichen Lösungen Raum geben soll.

So vermeiden Sie Betriebsblindheit gegenüber der eigenen Idee und verhindern zudem, andere gute Lösungen zu schnell beiseitezuschieben. Aus unternehmerischer Sicht und mit Blick auf das unperfekte Business sollten Lösungen nun auch nach der Umsetzbarkeit bewertet werden, also der Frage, wie schnell diese zu einem Minimum Viable Product und zu einem Prototyp entwickelt werden können.

Tag 4. Prototyp: Der vierte Tag gehört der Entwicklung eines Prototyps. Ziel ist die Entwicklung einer Schnittstelle zum Kunden, an der dieser eine möglichst in Grundfunktionen, die aber vor allem in der Darstellung der Problemlösung ausgereift seien sollen, nutzbare Darstellung des Nutzenversprechens präsentiert bekommt und ein realistisches Feedback für Ihr Business eingeholt werden kann. Das kann eben auch ein erster Flyer für Ihr Produkt oder besagter Klick-Dummy sein.

Am Ende des vierten Tages präsentieren Sie Ihren Prototyp einer kleinen Gruppe möglicher Kunden – das geht ohne Vorarbeit zum Beispiel bei Facebook, Instagram oder über Youtube.

Tag 5. Validierung: Der fünfte Tag dient der Validierung der gesammelten Kundenmeinungen. Wie haben die Kunden auf das Produkt reagiert, haben sie eventuell Verbesserungswünsche oder Lob formuliert, zum Beispiel als Kommentar unter Ihrem Youtube- oder Instagram-Beitrag? Diese Phase dient der Vorbereitung der weiteren Verbesserung des Produktes.

Natürlich arbeiten bei Googles Schwesterfirma GV Mitarbeiter, die in diesen Prozessen erfahren sind. Zudem verlangen die Vorgaben des Konzepts in der Regel nach einer kleinen Gruppe von Mitarbeitern, die durchaus auch konkurrierende Prototypen entwickeln und sich im gegenseitigen Austausch anfeuern, begeistern und befruchten.

All diese Vorteile hat Ihr eigenes unperfektes Business zu Beginn vielleicht nicht zu bieten, weil Sie vermutlich allein beginnen. Daher soll der Design Sprint auch eher ein – sehr ernst zu nehmendes – inspirierendes Gedankenmodell sein. Es ist lehrreich im Hinblick auf den Ansatz, die bestmögliche Abkürzung zwischen einer Produktidee und der Präsentation dem Kunden gegenüber herzustellen. Und es lehrt, das Parkinson'sche Gesetz bei der Entwicklung eines Produktes nicht außer Acht zu lassen, das besagt:

> Arbeit dehnt sich genau in dem Maße aus, wie Zeit zu ihrer Erledigung zur Verfügung steht.[51]

Damit schlägt dieser Ansatz der möglichst schnellen Erreichung des Problem Solution Fit und der dann folgenden Iteration des Produktes (»Version 2.0«) die Brücke zum Ziel des Prozesses, dem Product Market Fit.

Dieser Product Market Fit zeichnet sich durch einen Dreiklang der Funktionalität des Produktes (der Tatsache, dass es das Problem des Kunden rein technisch lösen kann), der Erkenntnis, dass das Produkt in dieser Form überhaupt in größerer Menge in den Markt gebracht werden kann, sowie letztlich vor allem der Erkenntnis eines bestehenden Kaufverlangens beim Kunden aus.

Die Durchführbarkeit, weil sie hier neu hinzutritt, ließe sich als Realisierbarkeit des Produktes bezeichnen, die sich ebenfalls an den ersten Prototypen des Produktes, am Minimum Viable Product sowie an den ersten Verkaufsofferten gegenüber potenziellen Kunden ablesen lässt.

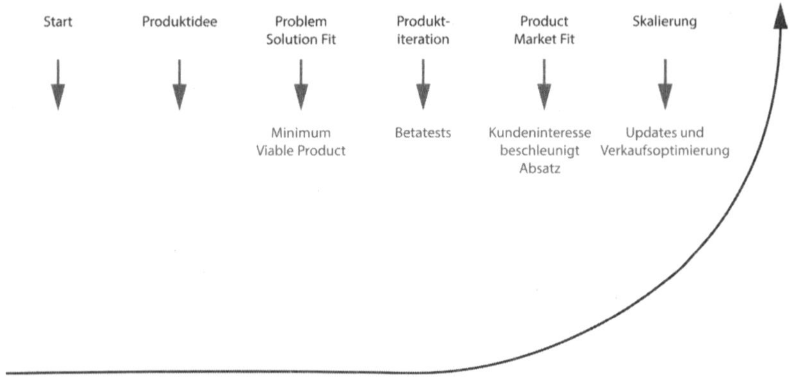

Abb. 20: Nach dem Product Market Fit folgt die Skalierung: Nun steht das Wachstum im Vordergrund.

Product Market Fit: So hebt Ihr Selfmade-Job plötzlich ab

Product Market Fit kennzeichnet final den Punkt, an dem das Produkt optimal zu den Anforderungen der Kunden passt, also beste Qualität liefert. Aus diesem Grund beschreibt man Firmen oft in zwei Phasen: der Phase vor dem Product Market Fit und der Phase nach dem Product Market Fit.

Firmengründungen entwickeln sich gerade bei Einzelselbstständigen oder im Nebenerwerb entstandenen unperfekten Selfmade-Jobs sehr analog der Abbildung 20. Der Moment der plötzlichen und dann sehr deutlich steigenden Erfolgskurve ist der Product Market Fit – und die Definition eines erfolgreichen Selfmade-Job-Produktes zugleich.

Analog werden die Phasen vor und nach diesem Punkt beschrieben. Die Produktidee und die mühsame Entwicklung und Ausarbeitung derselben zu einem marktfähigen Produkt sind ebenso wie die Prozesse der Verbesserung des Produktes und der Erstellung aller notwendigen Technik und Methoden zur Produktion, Auslieferung, Vermarktung und Durchführung des Verkaufsprozesses sowie der Optimierung des Produktes in der Phase vor dem Product Market Fit angesiedelt.

Bis zu diesem Punkt ist also unklar, ob sich Ihre Selfmade-Job-Idee überhaupt trägt. Aus diesem Grund ist es wichtig, diese Phase so kurz wie möglich zu halten. Denn der eigentliche Spaß beginnt erst in der Phase nach dem Product Market Fit, wenn eine durch Produktiteration intelligent weiterentwickelte gute Produktidee erfolgreich skaliert werden kann.

Ein letzter Blick auf die Grafik in Abbildung 20, die nun nach Erreichen des Product Market Fit die plötzliche massive Steigerung des Unternehmenserfolges zeigt: Hier werden als Prozesse dann die weitere Verbesserung des Produktes, gegebenenfalls die Anpassung an Veränderungen des Marktes und vor allem die Skalierung des eigenen Geschäftsmodells verortet.

Abbildung 20 zeigt auch einen typischen Fehler: Verlieren Sie keine Zeit mit der grundsätzlichen Planung der Skalierung Ihrer Produktidee, wenn Sie noch gar nicht die Marktakzeptanz geprüft haben und kennen.

Grundsätzliche Überlegungen, inwieweit das eigene Produkt später skalierbar ist, genügen. Diese können jedoch mit einigen Grundsatzentscheidungen auch schnell erledigt sein: Digitale Produkte sind einfacher zu skalieren als offline angebotene Produkte.

Digitale Produkte, die Sie ein einziges Mal produzieren und dann an eine frei wählbare Anzahl von Kunden ausliefern könnten – wie beispielsweise Online-Kurse oder digitale Informationsprodukte –, sind ebenfalls bestens skalierbar.

Plan B: So gehen Sie vor, wenn Ihre Selfmade-Job-Idee nicht funktioniert

Es gibt noch einen weiteren Grund, warum es ein immenser Wettbewerbsvorteil bei der Etablierung des eigenen unperfekten Business ist, die ersten Phasen des Modells möglichst kurz zu halten. Der Fachbegriff hierfür ist das sogenannte Pivoting; dieses wendet sich explizit der Frage zu, was passiert, wenn überhaupt kein Problem Solution Fit, geschweige denn Product Market Fit erreicht wird.

Wenn es gelingt, die Phase zwischen der Produktidee und der ersten Erprobung der Marktchancen möglichst im Sprint zu bewältigen, dann bedeutet das immer eine Erhöhung der Reaktionsfähigkeit des Anbieters – auf Fehler, Sackgassen und notwendige Anpassungen. Stellen Sie sich vor, wie hoch die eigene Motivation, ein weiteres Produkt zu entwickeln, sein mag, wenn Sie Wochen oder Monate in die Entwicklung eines möglichst seriennahen Prototyps oder gar einer ersten Charge Ihres fertigen Produktes investiert haben, nur um dann festzustellen, dass dieses nicht auf ein zählbares Kundeninteresse trifft. Das kann schon das Ende Ihres Selfmade-Job-Konzepts sein, bevor dieser überhaupt begonnen hat.

Es gilt hierzulande oft als Wagnis, ein eigenes Business aufzubauen, so wie es als Versagen gilt, wenn dieses schlussendlich nicht erfolgreich wird. Das ist jedoch paradox, wenn man es vor dem Hintergrund der Produktentwicklungssprints sieht. Ökonomisch ist es sinnvoll, schnell zu scheitern und das sogar als Wettbewerbsvorteil anzuerkennen. Scheitern bedeutet dabei nicht das Gegenteil von Erfolg, sondern eben einen Schritt dahin, weil eine bestimmte Produktidee oder eine entwickelte Lösung schnell als nicht passend auf dem Weg zur wirklichen Produktqualität erkannt wird – und entsprechend dann keine Energie mehr darauf verwendet wird.

Erst dann, wenn sich herausstellt, dass die Nussschale schwimmfähig ist und auch von Kunden akzeptiert wird, ist es sinnvoll, sie weiter zu verbessern. Nach kurzer Bau- und Entwicklungszeit können weitere Features ergänzt werden, die die Leistungsfähigkeit des Produktes steigern, es technisch voranbringen und seine Marktchancen iterativ erhöhen. Um mit einem Bild zu sprechen: Wenn Sie merken, dass ein guter Wind weht, dann setzen Sie jetzt die Segel; das ist in Abbildung 20 der Skalierungspunkt direkt hinter dem Product Market Fit.

Pivoting bezeichnet wörtlich das Schwenken oder Umschwenken und bezieht sich dabei auf die Unternehmensstrategie oder die Produktausrichtung eines Unternehmens. Wenn ein Unternehmen auf Basis einer Geschäftsidee feststellt, dass diese nicht gut oder gar nicht im Markt funktioniert (also den Product Market Fit nicht erreicht), dann kann es notwendig sein, die Geschäftsstrategie deutlich zu ändern. Ein prominentes Beispiel dafür ist Instagram.

Instagram hat unter dem Namen »Burbn« als »Check-in-Plattform« begonnen. Man konnte an verschiedenen realen Orten »einchecken« und damit bekannt geben, dass man sich dort aufhielt, konnte ferner angeben, wo man in der Folgezeit »einchecken« wollte, und Punkte sammeln, wenn man sich mit Freunden traf und Fotos dieser Veranstaltungen hochlud.

Man bekommt von dieser Beschreibung der App den Eindruck, dass sie bestenfalls eine einigermaßen unmotivierte und ziellose Partytour für Freunde planbar macht. Schon beim ersten Lesen ist diese Funktion nicht eindeutig in der Kundenansprache, und auch der wirkliche Kundennutzen drängt sich nicht auf. Der damalige Stand der App gilt heute zudem als kompliziert in der Anwendung. Und in dieser Version war Instagram nicht sehr erfolgreich.

Kevin Systrow, Mitgründer der App und mit ihrem Erfolg alles andere als zufrieden, widmete seine volle Aufmerksamkeit von diesem Moment an der tatsächlichen Verwendung der App durch die Nutzer, also dem Design. Er wechselte auf Fehlersuche und der Frage »Warum nutzt niemand die App« nachgehend von einer ingenieursgetriebenen Umsetzung seiner Idee zu einer stark marktgetriebenen Anpassung der App.

Aus heutiger Sicht könnte man sagen, dass er hierbei durch die Fertigentwicklung einer im Nachhinein wenig akzeptierten App sogar viel Zeit und Geld verlor. Aber es ist immer leicht, im Nachhinein von Erfolg oder Misserfolg auf die grundlegenden Erfolgsparameter zu verweisen – diesen Weg jedoch im Vorhinein zu planen ist ungleich komplexer.

Pivoting rettete Systrow jedoch: Er stellte einen neuen Programmierer ein, der vor allem Analyse-Tools in der App implementierte und so das Verhalten der Nutzer darstellen konnte. Sie stellten fest: »They were posting and sharing photos like crazy.«[52]

Obwohl die Nutzer die App wenig liebten und die meisten Funktionen kaum beachteten, nutzten sie die Möglichkeit des Teilens von Fotos vergleichsweise inflationär.

Als sie das erkannt hatten, eliminierten Systrow und sein Programmierer fast alle Funktionen aus der App, mit Ausnahme der Funktion, Fotos zu teilen. Die beiden haben gewissermaßen rückwirkend ein Minimum Viable Product auf Basis einer extrem gut abgegrenzten Kundenerwartung erstellt.

Was sie dann noch taten, ist ebenso interessant: Sie schauten auf Wettbewerber, die damals in den Produkten Hipstamatic und Facebook ausgemacht wurden. Von Hipstamatic entlehnten sie die Funktion, Fotos mit Filtern aufzuwerten, reduzierten diese aber auf eine sehr einfache Anwendbarkeit. Sie hatten hier aus ihren Fehlern gelernt, und augenscheinlich stieg die Lernkurve, nun befeuert von Teilerfolgen, schnell an.

Als anderen inspirierenden Konkurrenten identifizierten sie die damals noch junge Firma Facebook, deren App als Vorbild der sozialen Vernetzung diente, die jedoch keine besonders ansprechende Funktion zum Teilen von Fotos besaß.

Instagram nahm das Beste aus zwei Welten, reduzierte es auf den Kundennutzen und entwickelte ein Produkt, das plötzlich hervorragend von den Kunden akzeptiert wurde und so den Product Market Fit erreichte. Möglich wurde dieser Unternehmenserfolg nur durch die radikale Offenheit des Gründers dafür, sich von der eigenen Produktidee zu verabschieden und die Strategie zu ändern. Systrow benannte diesen Schritt auf einer Konferenz dann so: »Es geht darum, durch falsche Anfänge zu gehen.«[53] Und weiter stellte er fest: »Burbn war ein falscher Anfang. Die besten Firmen der Welt hatten alle Vorläufer. Youtube war eine Dating-Seite. Du musst dich immer in etwas anderes entwickeln.«

Vor diesem Hintergrund muss es fast fahrlässig erscheinen, einen ingenieursgetriebenen, langwierigen Entwicklungsprozess dem Entwicklungssprint und dem Pivoting vorzuziehen. Das ist letztlich die Erklärung, warum Pivoting als zentrales Element von Unternehmensgründungen so stark gemacht wird.

»Innovation bedeutet,
zu 1000 anderen Ideen Nein zu sagen.«
Steve Jobs

Warum der erste selbst verdiente Euro Erfolg von Misserfolg trennt

Nur etwas weitergedacht als das Ziel, schnellstmöglich ein erstes Kunden-Feedback für das eigene Produkt zu bekommen, ist folgende Forderung: Erreichen Sie so schnell wie möglich den ersten Euro mit Ihrem Selfmade-Business!

Dahinter stehen zwei Ideen: Erstens steht, wenn der erste Euro verdient wurde, die gesamte notwendige Technik. Diese stellt für viele Gründer eine zentrale Schwierigkeit dar. Je nachdem, welche Geschäftsidee in welcher Form umgesetzt werden soll, kann diese Schwierigkeit durchaus sehr unterschiedlich gestaltet sein.

Wenn Ihre Idee des eigenen Selfmade-Business aus der Eröffnung eines Friseursalons besteht, dann liegen Ihre Herausforderungen vielleicht auf der finanziellen Seite. Die Investitionen in ein solches Ladengeschäft sind schnell im sechsstelligen Bereich, und diese Summe muss erst einmal aufgebracht werden, zumal sie keine Garantie für ein späteres Gelingen der Geschäftsidee bietet.

Wenn Sie auf ein digitales Business zielen, also beispielsweise aus Ihrem Wissen eine App machen wollen, dann treten andere Schwierigkeiten in den Vordergrund. Grundsätzlich benötigen Sie für solch ein Geschäftsmodell ja lediglich immaterielle Aufwendungen (im Gegensatz zum Friseursalon); Sie brauchen nicht viel mehr als vielleicht ein Notebook.

Dann werden aber schnell eher technische Herausforderungen wichtig: Die Erstellung einer Website, die Gewinnung von Kunden oder die Bezahlung des Produktes oder der Dienstleistung werfen Fragen technischer Natur auf. Aber auch hier ist die unternehmerische, schnelle Erreichung des ersten Kundenkontakts ein perfekter Berater.

Das Streben nach dem ersten Euro ist ständige Mahnung, immer unternehmerisch auf die notwendige Technik zur Erreichung dieses Zieles zu schauen. Nicht der Technikanbieter, der die beste Website mit höchster Ladegeschwindigkeit erstellt und mit einem Übermaß an Features wirbt, ist der beste – sondern der, der Sie zu den schnellsten Ergebnissen bringt.

Und während andere noch mit Werbeagenturen über die Optimierung der Ladegeschwindigkeit ihrer Website und die Investitionen verhandeln, haben Sie schon das erste Geld verdient.

Diese schnelle und unternehmerische Umsetzung der Technik bietet zudem den Vorteil, dass sie rasch die Basis für ein erfolgreiches Pivoting bildet. Technik, die eben nicht kompliziert und hoch spezialisiert ist, sondern vielleicht sehr unternehmerisch aus Baukastensystemen und vorgefertigten Techniktemplates besteht, ist in der Regel anpassungsfähiger, was die Abwandlung oder Neuausrichtung einer Geschäftsidee betrifft.

Der zweite große Vorteil des schnellen ersten Euros liegt in der Tatsache, dass bei einer allzu starken Konzentration auf Details gerne andere Prozesse als die eigene Motivation das Ruder übernehmen.

Die Motivation bei der Entwicklung des eigenen unperfekten Business aufrechtzuerhalten ist längst nicht immer banal. Das Pivoting wurde im vorangegangenen Kapitel als Erfolgsmerkmal von Gründungen herausgestellt, aber es kann auch eine Belastung sein. Thomas Edison hat bei der Entwicklung der Glühbirne unzählige Rückschläge erlebt. Berühmt geworden ist sein Zitat:

> »Ich bin nicht gescheitert. Ich habe nur 10 000 Wege gefunden, wie es nicht funktioniert.«

Thomas Edison gilt aber als ein besonders motivierter Erfinder, und es gehört eine gehörige Portion Motivation dazu, Rückschläge auf dem Weg zum Licht zu ertragen.

Der erste mit dem eigenen Business verdiente Euro stellt genau eine solche Motivation dar. Bis dieser erreicht ist – und mit Abstrichen auch danach –, müssen Sie möglichst fix sein.

Die Lösung dieser Herausforderung liegt im Beibehalten des Flows, im raschen Erreichen motivierender Zwischenziele. Diese Aufgabe kann der erste mit dem eigenen unperfekten Business erreichte Euro also hervorragend übernehmen, und es ist ein scharfes Schwert in der Auseinandersetzung mit der eigenen Motivation, diesen möglichst schnell zu erreichen, um dann von seiner motivierenden Strahlkraft zu profitieren.

Gründer.de ist die zentrale Anlaufstelle für Ihren ersten selbst verdienten Euro.
Bei der Gründung Ihres eigenen Geschäftsmodells ist es fast unvermeidlich, Fehler zu machen und Abkürzungen zum Ziel nicht zu sehen. Umso wertvoller ist es, wenn an dieser Stelle eine gute Expertise und hilfreiche Informationen zur Verfügung stehen. Unser Tipp: Gründer.de ist eine umfangreiche Website mit großer Wissensdatenbank zum Thema Gründung mit geringen eigenen Mitteln.
Der Chef Thomas Klußmann hat hier seine eigene erfolgreiche Gründergeschichte und viele Beratungen, Kurse und Informationsangebote zusammengetragen und eine der ersten Anlaufstellen für angehende Gründer geschaffen, um schnelle Erfolge zu erzielen. Er ist zugleich der Initiator der »Contra«, einer der größten Vortragsveranstaltungen mit angeschlossener Messe zum Thema Internetunternehmensgründung.
Es ist sinnvoll, auf solche Expertise zurückzugreifen. Thomas Klußmann und seine Experten haben viele Prozesse begleitet und beobachtet – und, viel wichtiger, jede Phase selbst durchlebt.

Digitale Geschäftsmodelle sind risikoarm – und die Technik gibt es meist im Baukasten

Die eben formulierte Forderung, auf die Technik unternehmerisch zu blicken, löst grundsätzlich noch nicht das Problem der schlechten Beherrschbarkeit dieser Technik. Glücklicherweise hat sich das heute fast von selbst erledigt, weil es Technikbaukästen gibt, mit denen Sie Apps oder Websites erstellen können, ohne programmieren zu müssen.

»Ideas are everywhere – it's the execution that's rare!«

Die Möglichkeiten zur Umsetzung der eigenen Ideen in ein Business sind heute gewissermaßen überall, also für jeden zugänglich und von jedem nutzbar.

Es hat einen unmittelbaren Einfluss auf die Berechnung der Risiko- und Renditemöglichkeiten Ihres unperfekten Business, ob Sie dafür Räumlichkeiten mieten müssen, ob Sie Personal einstellen wollen oder ob Sie ein rein digitales Angebot erstellen, das mit geringstem Aufwand ausprobiert werden kann.

Deshalb zunächst der Ratschlag, stets zu prüfen, inwieweit das eigene Business digitalisiert und damit von diesen Risikofaktoren entbunden werden kann:

> Stellen Sie für Ihr Selfmade-Business lieber Systeme ein als Menschen. Mieten Sie besser eine Domain als 100 Quadratmeter Büroflächen.

Ein smart geplantes Business, das am Anfang ressourcen- und investmentschonend auftritt, hat oft deutlich höhere Chancen auf Umsetzung, als wenn von Beginn an ein großes Business geplant wird und dieses dann aufgrund mangelnden Mutes, Kapitals oder des ausbleibenden schnellen Erfolgs schon bald wieder aufgegeben werden muss.

Oft suchen beispielsweise Selfmade-Gründer Mitarbeiter, weil sie davon ausgehen, dass eine steigende Anzahl von Mitarbeitern ein Indiz für den Geschäftserfolg darstellen könnte oder weil repräsentative Büroräume einen höheren Status widerspiegeln. Aber allein schon, weil dieses Denken den Grundsätzen des Minimum Viable Product widerspricht, führt es sich selbst ad absurdum.

Digitale Geschäftsmodelle vereinen in idealer Weise die extrem schnelle Umsetzung, den Rückgriff auf bestehende Technologien und das vergleichsweise geringe Risiko.

Eine Website zu erstellen ist heutzutage mit Baukastensystemen auch für technische Laien durchaus gut und innerhalb kurzer Zeit zu leisten. Und dabei sollten Sie sich selbst gegenüber tolerant sein und Fehler als Schritte auf dem Weg zum Erfolg betrachten.

WordPress, das weltweit am weitesten verbreitete Content-Management-System, bezieht seinen Erfolg genau aus dieser leichten Nutzbarkeit durch technische Laien. Andere Unternehmer bieten ähnliche Homepage-Baukästen an und haben daraus längst funktionierende und gut nutzbare Geschäftsmodelle etabliert. Es ist nicht zu hoch gegriffen, innerhalb eines Tages eine erste Mini-Website bauen zu wollen, auf der Sie potenziellen Kunden Ihre Produktidee präsentieren können.

Bei solchen Firmen arbeiten einige Dutzend Programmierer daran, die mit diesem System möglichen Websites und sogar darüber hinaus die umsetzbaren Verkaufsprozesse beständig zu optimieren. Dabei werden leistungsfähige Systeme entwickelt, die gut anwendbar sind und die Erfahrungen von Tausenden von Nutzern und erfolgreichen Verkäufern für Sie zugänglich machen.

Gerade solche Anbieter sind gezwungen, ihre maximale Konzentration darauf zu verwenden, dass man mit ihren Baukästen gut verkaufende und optimierte Websites erstellen kann. Die Profis im Verkauf, die Ihnen gegenüber womöglich noch einen Erfahrungsvorsprung haben, würden ein Fehlen solcher Funktionen nicht akzeptieren und den Anbietern den Rücken kehren. Davon profitieren Sie gerade zu Beginn enorm. Und speziell in digitalen Geschäftsmodellen nutzen auch Profis einfache Baukastensysteme, weil sie gelernt haben, unternehmerisch zu denken und nicht an das Märchen der allerschönsten Website oder des technisch perfekten Systems zu glauben.

Auch wenn Sie als Selfmade-Starter heute ein digitales Business gründen, müssen Sie keineswegs auf die Expertise von vielen Köpfen verzichten – Sie stellen sie nur einfach nicht mehr ein, sondern stattdessen die Systeme, die diese entwickeln.

Neukundengewinnung ist in der digitalen Welt automatisiert

Ein weiteres Beispiel für heute vereinfachte Prozesse ist die Neukundengewinnung. Hier haben sich beispielsweise die sozialen Medien wie Facebook und Instagram oder auch Google, LinkedIn und diverse weitere Anbieter lukrative Geschäftsmodelle darin geschaffen, Ihnen auch diese Arbeit abzunehmen. Denn worum geht es bei der Neukundengewinnung eigentlich? Es geht darum, die eigene Problemlösung möglichst vielen potenziellen Kunden bekannt zu machen und sie damit zu erreichen. Diesen früher extrem aufwendigen oder teuren Teil haben Facebook, Google und Co. für Sie gewissermaßen schon erledigt und auch bereits enge Verknüpfungen zu Ihren besten Kunden hergestellt, indem sie deren Interessen und Käuferverhalten mit großem Aufwand analysiert haben.

Getreu dem Satz »If you don't pay for the product, you are the product« liegt das Geschäftsmodell der genannten Firmen, das sie zu den teuersten Firmen der Welt gemacht hat, darin, passgenau für Kunden Werbeanzeigen einzublenden.

Auf diese Kunden können Sie als Werbetreibender heute leicht zugreifen und damit Reichweite für Ihre Problemlösung herstellen. Das ist schon allein deshalb ein großer Schritt gegenüber früheren Zeiten, weil hier teures und unpräzises Streumarketing vergangener Zeiten, wie es Fernsehwerbung, Radio oder Zeitschriften praktizierten, durch zielgenaue Ansprache hochattraktiver Kundengruppen ersetzt wurde.

Damit wurde die Möglichkeit, Werbung zu treiben, demokratisiert und auch für Selfmade-Start-ups geöffnet. Während ein Kinospot viele Tausende von Euro kostet, können heute auf Facebook für 20 oder 30 Euro Kunden angesprochen werden, die in keinen noch so großen Kinosaal passen.

Expertenrat von Dawid Przybylski

Dawid Przybylski ist einer der führenden Experten im deutschsprachigen Raum, wenn es um Facebook- und Instagram-Marketing geht. Selbst *Forbes* hat ihm einen umfassenden Artikel gewidmet. In seiner »Finest Audience Masterclass« zeigt er Unternehmerinnen und Unternehmern, wie sie Facebook und Instagram nutzen können, um mit kleinem Werbebudget große Wirkung zu erzielen.

Denn mit Facebook-Ads lassen sich Endkunden für Produkte zielgenau erreichen. Sein wichtigster Tipp: Zunächst muss ein Produkt oder eine Dienstleistung überhaupt sichtbar werden; denn ansonsten wüsste der Kunde ja gar nicht, dass es oder sie überhaupt existiert.

Im zweiten Schritt – und erst dann – wird nachgefasst. Mit dem »Remarketing« lassen sich Interessenten dann erneut ansprechen und zu Kunden machen. So kann man die ersten Neukunden mit geringem Budget gewinnen.

Die Technik hinter einem solchen Kundenmagneten ist gut überschaubar, wenn man sich das strategische Fundament angeeignet hat. Dawids sehenswerter Youtube-Channel ist für jeden Selfmade-Job-Gründer ein idealer und kostenloser Einstieg.

Expertenratschlag von Ralf Schmitz

Ralf Schmitz ist der »Affiliate-König« im deutschsprachigen Raum. Er hat sich darauf spezialisiert, Produkte und Dienstleistungen seiner Kunden über das Affiliate-Marketing im Internet zu verkaufen. Das ist – neben Dawid Przybylskis Facebook-Marketing – die zweite unternehmerisch sehr gut zugängliche Methode der Neukundengewinnung.

Affiliate-Marketing bedeutet die Trennung von der Erstellung eines Produkts und dem Vertrieb des gleichen Produktes. Sie fokussieren Ihre Energie und Ihr Wissen auf die Erstellung guter Produkte, Ihr Affiliate beschäftigt sich wesentlich mit dem Vertrieb.
Bekannt ist dieses Vorgehen beispielsweise bei Versicherungsprodukten, die dann über Affiliate-Drittanbieter wie Check24 sehr erfolgreich vermarktet werden. Die Gesetze dieses Marktes können Sie sich auch für Ihr Wissen und Ihr Produkt zunutze machen.
Affiliate-Partner bedienen erprobte und leistungsfähige Kanäle des Marketings und des Vertriebs; Sie zahlen Ihnen beispielsweise für jedes verkaufte Exemplar eine Provision.

So finden Sie die wichtigsten Technik-Systeme für Ihr Selfmade-Business mit Reverse Engineering

Unser wichtigster Tipp mit Blick auf die Technik ist, vom Ziel stets rückwärts zu denken: »Reverse Engineering« heißt dieser Ansatz.

Das ist ein wenig so wie mit dem alten Ausmalspiel in manchen Kinderzeitschriften: Wie kommt der Hund zum Knochen oder wie kommt die Katze zum Wollknäuel? Und dann gibt es mehrere Wege, die mit dem Buntstift nachgezogen werden, und so wird der richtige Weg gefunden. Die besonders gewitzten Kinder haben damals schon beim Knochen angefangen und sofort den richtigen Weg zum Hund gefunden: Sie sind den Weg in umgekehrter Reihenfolge gegangen und haben damit eine Abkürzung gefunden. Auch das ist Reverse Engineering.

Wenn Sie in diesem Sinne stets beim Ziel beginnen, also in diesem Fall beim Verkauf Ihres Produktes oder Ihrer Dienstleistung, und sich dann in Rückwärtsschritten immer fragen, was geschehen muss, damit dieser Schritt eintreten kann, dann führt Sie das schneller ans Ziel.

Die wichtigsten Reverse-Engineering-Fragen sind:

- Was muss geschehen, damit Ihre Kunden mit hoher Wahrscheinlichkeit Ihr Produkt kaufen? Sie müssen es bezahlen können und Ihnen Geld dafür geben.
- Was muss passieren, damit die Kunden Ihnen dieses Geld geben wollen? Die Kunden müssen den Wert erkennen und diesem einen Preis beimessen.
- Was muss geschehen, damit dieser Preis für Sie als Anbieter attraktiv ist? Der Preis sollte ziemlich hoch sein.
- Was muss geschehen, damit dieser Preis möglichst hoch sein kann? Das Produkt muss das Problem des Kunden möglichst gut lösen.

Und so weiter. Was sich hier abzeichnet, ist Reverse Engineering für einen Verkaufsprozess, hier allerdings noch auf der inhaltlich-strukturellen Ebene.

Expertenratschlag von Oliver Geisselhart

Oliver Geisselhart ist Experte, wenn es um die Vermarktung erklärungsbedürftiger, komplexer Produkte und Dienstleistungen geht. Gerade mit aufwendigen Produkten muss sich ein Kunde zunächst auseinandersetzen, bevor er eine Kaufentscheidung trifft; auch hat er beispielsweise Rückfragen. Ein solcher strategisch angelegter Verkaufsprozess kann typischerweise aus dem Reverse Engineering abgeleitet werden.

Oliver Geisselhart verwendet ein vierstufiges Trichtersystem (»Marketing-Funnel«), sofern er mit komplexeren Produkten zu tun hat.

Im ersten Schritt stößt der Kunde über eine aufmerksamkeitsstarke Online-Anzeige auf das Produkt. Diese Anzeige wird an mögliche Zielgruppen ausgespielt.

Klickt der Interessent auf diese Anzeige, folgt in Schritt zwei ein Erklärungsvideo, das auf die wichtigsten Themen des Produktes oder der Dienstleistung eingeht.

Im dritten Schritt kann er sich auf ein persönliches Gespräch bewerben. Dieser Schritt kehrt den üblichen Verkaufsprozess um: Statt dem

Kunden etwas zu verkaufen, bewirbt er sich nun um ein Gespräch; das führt zu sehr viel qualifizierteren Kundenkontakten.
Im letzten Schritt nun, dem Beratungsgespräch, finden die Beantwortung noch offener Fragen und der Verkaufsabschluss statt.

Betreiben Sie also lieber Revers Engineering als Over-Engineering.

Schauen Sie am Anfang, welche Systeme Sie für Ihr konkretes Ziel überzeugen – aber wählen Sie dann ein System aus und bleiben dabei. Das schützt Sie davor, zu schnell unsicher zu werden, wenn das System nicht gleich die erforderlichen Ergebnisse bringt. Und das wird es mit einer gewissen Wahrscheinlichkeit nicht tun, denn Sie sind noch in der Lernphase am Beginn, und Fehler sind zu erwarten.

Was Sie aber in jedem Fall vermeiden sollten, sind der Einsatz mehrerer Systeme parallel sowie der schnelle Wechsel zwischen diesen. Eine gewisse Ruhe gegenüber immer neuer Technik schafft hier vor allem auch Sicherheit und Kontinuität.

Tipp: Digistore24

Wenn Sie Ihr Selfmade-Business auf der Basis von Digitalprodukten aufbauen wollen, dann bietet Ihnen Digistore24 einen All-in-one-Baukasten:
Sie müssen Ihr Produkt dort lediglich über eine einfach bedienbare Oberfläche einbinden. Ab dann kann es gekauft werden: Kundenzahlungen zum Beispiel per Kreditkarte, PayPal oder Bankeinzug stehen Ihnen ebenso zur Verfügung wie die automatische Rechnungsstellung und vor allem die zertifizierte, datensichere Auslieferung. Über einen »Marketplace« finden interessierte Kunden Ihre Produkte über Suchfunktionen.
Das Unternehmen bietet einen großen Vorteil: Es setzt auf Hochverfügbarkeit, sodass Ihre Produkte auch in großen Lastphasen problemlos bereitgestellt werden. Es ist TÜV-geprüft und DSGVO-konform (Datenschutz-Grundverordnung).
Digistore24 ist Marktführer im deutschsprachigen Raum und verkauft pro Jahr Digitalprodukte im Wert von rund 400 Millionen Euro.

7.

Ihr Selfmade-Job verändert Ihr Umfeld – und verbessert die Welt

Der Aufbau Ihres unperfekten Selfmade-Jobs braucht Zeit und Energie, das haben die bisherigen Kapitel gezeigt. Auf manche Wege haben Sie dazu nur einen begrenzten Einfluss, sind auf andere Menschen angewiesen oder müssen eine Weile beobachten, wie das, was Sie als Business aufbauen, ineinandergreift und wirkt.

Unser Rat an dieser Stelle daher: Kündigen Sie Ihr festes Arbeitsverhältnis keinesfalls zu schnell; der beste Zeitpunkt hierfür lässt sich später relativ genau eingrenzen, aber es gibt keinen Grund zur Eile.

Zu Beginn keine Erfolgserlebnisse? Vertrauen Sie dem Hockey-Stick-Effekt

Der Beginn Ihres Selfmade-Business mag Sie frustrieren, weil sich Erfolge nicht schnell einstellen. Es kann sogar zermürbend und bisweilen demotivierend sein, auf dem Weg zum eigenen Selfmade-Job Zeit, Energie und Geld zu investieren, ohne sofortige Resultate zu sehen – und an dieser Stelle geben viele Menschen auf.

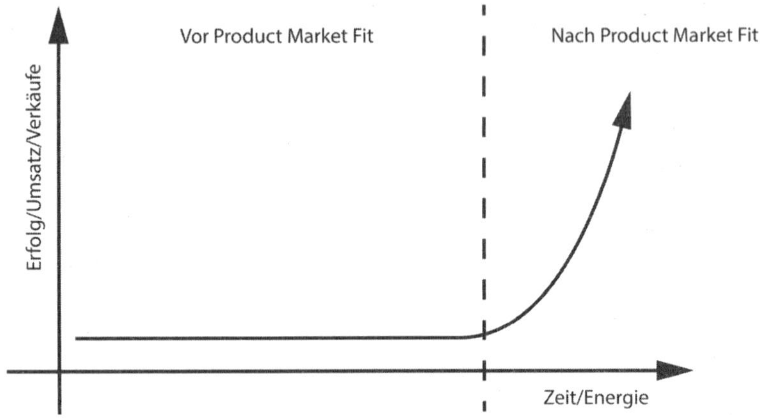

Abb. 21: Der Erfolg braucht manchmal Anlauf. Zeit und Energie wirken sich zu Beginn nicht direkt messbar aus.

Erst wenn Ihr erster Euro verdient ist und die Dinge sich Stück für Stück immer mehr zueinanderfügen, dann steigt die Kurve des Erfolges plötzlich an – und erst dann beginnt Ihr Selfmade-Job Fahrt aufzunehmen. Das nennt man den Hockey-Stick-Effekt, weil sich die Kurve an einen Hockey-Stock anlehnt.

Viele erfolgreiche Selbstständige können diese Phase in der Rückschau genau beschreiben. Allerdings ist der flache Teil der Kurve, wie in Abbildung 21 erkennbar, unterschiedlich lang.

Da wäre es leichtsinnig, mit dem unperfekten Business übereilt einen rigorosen Abschied von der abhängigen Beschäftigung zu suchen und sein eigener Chef im eigenen Flow zu sein.

Aller Enthusiasmus und sämtliche erprobten Modelle und Methoden in Ehren: Es gibt einen Grundsatz, der hier die Einschätzung der Zeitachse für die Entwicklung des eigenen Geschäfts erschwert: Menschen neigen dazu, zu überschätzen, was sie in kurzer Zeit schaffen können. Zum Glück neigen sie aber auch dazu, zu unterschätzen, was sie in einem längeren Zeitraum, beispielsweise innerhalb eines Jahres, schaffen können. Das ist für sich genommen kein großes Problem. Kein Business hatten Sie ja schon vorher; verschlechtern können Sie sich also nicht. Ob Ihr Weg zum Selfmade-Job etwas länger oder kürzer wird, mag vielleicht gar keine so große Rolle spielen. Aber die Dauer des Prozesses hat einen direkten Einfluss auf die Motivation – und das kann ein Problem werden.

Um das nachvollziehen zu können, werfen Sie einen Blick auf einen weiteren Effekt, der zum Hockey-Stick-Effekt gegenläufig arbeitet: die Kurve des Investments in das eigene Selfmade-Business. Investment meint hier im umfassenden Sinne nicht nur Ihr finanzielles Engagement, das zu Beginn am höchsten ist, weil Sie sich Ihre Grundausrüstung zulegen. Auch Ihr Zeit- und Energieinvestment ist hiermit gemeint. Und für dieses gilt: Zu Beginn Ihres Selfmade-Jobs investieren Sie überproportional.

Die Resultate des eigenen Engagements zeigen sich jedoch oft erst mit einer gewissen Verzögerung, und sie sind nicht immer ganz eindeutig vorherzusagen. Und auch hinterher sind sie oft nicht mehr so leicht einer Ursache zuzuordnen.

Abbildung 22 nimmt nun zunächst beide Effekte auf:

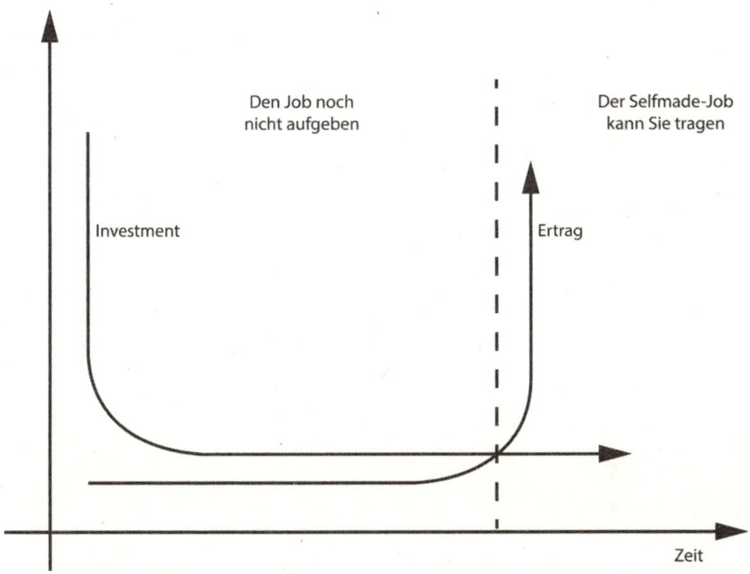

Abb. 22: Typische Motivationsfalle. Die Kurve der eingesetzten Energie und der Resultate sind gespiegelt wirksam.

In der Schnittmenge der beiden Überlegungen, dass einerseits Menschen falsch einschätzen, wie viel sie in einer bestimmten Zeitspanne zu leisten vermögen, und dass andererseits erst nach einiger Zeit die Effekte des Investments positiv zum Tragen kommen, liegt oft Frustration, weil sich Erfolge erst sehr viel später einstellen.

Diese Kurve sollten Sie kennen, um ihr nicht ausgeliefert zu sein. Denn es handelt sich hier um zwei wirkungsvolle Effekte, die Sie perfekt für Ihre Zwecke nutzen können, wenn Sie sich nicht von ihren Schattenseiten verunsichern lassen.

Wir kennen einen Programmierer, der als Hobby die Erstellung von kleinen Videos für sich entdeckt hat. Wie vielen Video-Producern vor und nach ihm ist ihm ein prototypisches Problem begegnet. Probleme sind jedoch oft bereits ein idealer Nährboden für Geschäftsideen.

Sein Problem lag darin, dass er für seine Videos legal nutzbare Musik gesucht hat. Solche Musikstücke kann man auf verschiedenen Wegen bekommen: Man kann sie auf spezialisierten Plattformen kaufen, was das ansonsten bestehende Problem der Lizenzrechte löst, aber eben Geld kostet. Man kann auch lizenzfreie Musik in meist sehr geringer Auswahl auf kleinen Webplattformen entdecken, und man kann sie natürlich selbst schreiben und produzieren – aber das fällt nicht jedem leicht.

Also recherchierte der Neu-Filmemacher nach solchen Musikstücken und fand sie in Youtube-Kanälen, an verschiedenen Orten und von verschiedenen Anbietern. Er machte sich die Mühe, diese lizenzfreien Musikstücke herunterzuladen und in einer großen Sammlung zusammenzuführen – zunächst nur für seinen Gebrauch und völlig im Flow, weil ihm die Verwendung und die zunehmende Leichtigkeit, die passende Musik für seine Filme sendefertig bereitzuhalten, Spaß bereiteten. Diese Sammlung veröffentlichte er dann noch in seinem eigenen Youtube-Kanal und stellte sie damit auch anderen zum freien Download zur Verfügung; er verfolgte dabei gar keine Business-

Absichten. Das Angebot fand dann überraschend (und schnell) Anklang, weil offensichtlich viele vor einem ähnlichen Problem standen. Durch die hohe und wachsende Aufmerksamkeit für seinen Kanal wurde ihm durch Youtube die Möglichkeit eingeräumt, seinen Kanal durch Werbeeinblendungen zu kommerzialisieren. Das bietet Youtube übrigens ab 1000 Kanalabonnenten an. In diesem Moment verstand er, dass er soeben ein Geschäftsmodell geschaffen hatte.

An diesem Beispiel lassen sich zwei Dinge besonders gut erkennen: Es ist nicht immer einfach, die Konsequenzen des eigenen Handelns zu überblicken – schon gar nicht im Voraus. Und: Zwischen den ersten Handlungen und ihren Konsequenzen vergeht immer eine gewisse Zeit, das gilt zumindest im Business. Wenn Sie ein Ei an die Wand werfen, zerplatzt es sofort; auf Ihre Aktion folgt eine unmittelbar erkennbare Reaktion. Aber Business funktioniert eben nicht immer so klar nach dem Ursache-Wirkung-Prinzip.

Wenn dann eine gute Idee, ein bestehendes Verkaufsangebot und ein Kundeninteresse aufeinandertreffen, dann initialisieren alle drei zusammen recht plötzlich den Hockey-Stick-Effekt.

In der ersten Phase mit ihren zwei Kurven lässt sich in der Regel ein hohes Investment bei marginalen Erträgen erwarten. Die eine Kurve ist sehr hoch, während die andere noch recht niedrig verläuft. An diesem Punkt befindet sich das noch junge Business im Minus – bezogen auf Energie, Geld und Zeit. Sie haben viel Aufwand und Mühe investiert, um beispielsweise eine eigene Website zu erstellen, Ihr Wissen für Ihre Kunden aufzubereiten, einen Prototyp zu entwerfen und sich auf einen Design Sprint zu konzentrieren.

Umso wichtiger ist es zu diesem Zeitpunkt, dass die 3-F-Regel hierbei beachtet wird. Und wie schon im betreffenden Kapitel ausführlich beschrieben, sollten der Fun, also der Spaß an dem, was Sie tun, und eine möglichst im Flow vorangetriebene Arbeit am eigenen Geschäftsmodell eine tragende Rolle in dieser ersten Phase spielen – denn Fortune, Wohlstand also, wird es zu diesem Zeitpunkt nicht tun. Fame, das heißt der Ruhm, den Sie durch Ihr Wirken für sich erzielen können, tritt ebenfalls in dieser frühen Phase noch zurück. Der Fun muss Sie durch dieses Tal tragen.

Die beiden letztgenannten F spielen dennoch in dieser Phase eine Rolle, weil eben beim 3-F-Ansatz die einzelnen Parameter Fun, Fame und Fortune wie kommunizierende Röhren stets nach Ausgleich streben. Wenn der Faktor Fun am Anfang hochgehalten werden kann, dann wird er sich über kurz oder lang auch positiv auf die beiden anderen F auswirken – vorausgesetzt, diesen beiden wird in der Anlage Ihres Selfmade-Jobs auch Beachtung geschenkt.

Da Motivationsmomente stark auf kurzfristige Resultate und schnelle Bedürfnisbefriedigung ausgerichtet sind, ist das ein häufiges Problem: Wenn Sie einem Kleinkind vorschlagen, ihm jetzt sofort ein Bonbon zu schenken oder, wenn es geduldig Verzicht üben würde, ihm morgen zur Belohnung zwei Bonbons zu schenken, dann werden Sie eine Bestätigung dieser schnellen Bedürfnisbefriedigung erleben: Das Bonbon ist sofort gegessen.

Wenn Ihr Stress durch das hohe Investment zu Beginn Ihres Selfmade-Jobs herausfordernd wird, dann neigen Sie womöglich zum Abbruch. Auch Erwachsene handeln lieber kurzfristig bedürfnisbefriedigend als langfristig planend, vor allem dann, wenn sie diese Falle nicht kognitiv stets präsent haben und unbemerkt das Stammhirn die Aufgabe mit seinen schnellen und unbewussten Entscheidungen an sich reißt.

In Abbildung 22 zeichnet sich dies sichtbar ab: Es gibt eine Phase zwischen dem höchsten Investment und dem ansteigenden Erfolg des Hockey-Sticks, in der die gleiche Ruhe herrscht wie im Auge eines Orkans. Obwohl große Mengen an Energie eingebracht wurden und vielleicht in Kürze kein Stein mehr auf dem anderen bleibt, wenn der Erfolgs-Orkan nur ein Stück herzieht, gibt es jetzt einen Moment der Ruhe.

Aber dieser Moment der Ruhe ist für die, die gerade im Auge des Orkans stehen, schwer zuzuordnen: Die eingebrachte Energie zeigt noch keine Ergebnisse, weil diese einer gewissen Verzögerung unterliegen.

Und weil eben die Ergebnisse noch keine eindeutigen Hinweise auf die Richtigkeit des Tuns und die zweckmäßige Anstrengung bieten, ist dies ein gefährlicher Punkt.

Tatsächlich lässt sich beschreiben, dass viele erfolgreiche Unternehmen und Selbstständige, die heute womöglich ihren Traum vom Selfmade-Job leben, auf solche Phasen ernüchternder Ruhe gestoßen sind, in denen nichts darauf hindeutete, dass es noch vorangehen könnte mit dem eigenen Business. Mehr noch: Viele können Momente des Scheiterns beschreiben, in denen sie das Gefühl hatten, mit ihrer Energie auf das falsche Pferd gesetzt zu haben – dabei war nur der Hockey-Stick-Effekt noch nicht eingetreten.

Zwei Dinge lösen diese Herausforderung auf: zum einen ein wenig Geduld, zum anderen ein gesundes Vertrauen in den Prozess. Und was die beiden stützen kann, ist die konsequente Anwendung des Konzepts des Selfmade-Jobs. Vertrauen Sie dem Prozess!

Vertrauen in den Prozess lässt sich dabei ganz gut mit einer Metapher aus dem Gartenbau illustrieren: Wenn Sie im Herbst Kartoffeln im eigenen Garten vergraben, dann ist das für sich genommen eine gegenintuitive Handlung. Die Kartoffeln ergäben vermutlich sofort eine gute Mahlzeit, aber Sie vergraben sie in der Erde. Das machen Sie im guten Glauben, dass diese Saat im nächsten Jahr reiche Ernte bringen wird. Sie investieren also. Aus einer Speisekartoffel, die Sie somit zu einer Saatkartoffel umwidmen, werden vielleicht zehn Kartoffeln im nächsten Jahr. Sie wissen, dass dieser Renditeeffekt höchstwahrscheinlich eintreten wird – mit großer zeitlicher Verzögerung. Was aber, wenn Ihnen dieser Reifungsprozess unbekannt wäre? Dann würden zwei oder drei Monate nach der Kartoffelaussaat vergehen – und nichts schiene sich zu tun. Vielleicht gäben Sie die ausgebrachte Saat auch innerlich schon auf.

Ähnlich skeptisch stimmt womöglich unser Appell, eine eigene Geschäftsidee neben dem Angestelltendasein zu entwickeln, diese möglichst schnell in ein funktionierendes Verkaufsangebot umzuwandeln und dann dem Prozess zu vertrauen, dass sich in der Auseinandersetzung mit den ersten Kunden und den Anforderungen des Marktes die Grundlage eines funktionierenden Selfmade-Jobs bilden kann.

Der Selfmade-Job, wie er hier propagiert wird, ist nicht zuletzt ja auch dadurch gekennzeichnet, dass er mit einer gewissen Vorsicht einhergeht. Es ist eben nicht der Ruf nach dem sofortigen 180-Grad-Schwenk des eigenen Berufslebens. Es ist vielmehr der Appell, den unperfekten Job neben dem Angestelltendasein aufzubauen. Dann wird womöglich die Erkenntnis, dass die eigene Lebenszeit gegenwärtig nicht wert-, sondern zeitbasiert verkauft wird, langsam, aber beständig zur Triebfeder der eigenen Veränderung.

Dann kann das unperfekte Business am Anfang auch wenig Geld bringen, es kann die Werthaltigkeit der eigenen Geschäftsidee abklopfen und dann iterativ und allmählich zum Product Market Fit weiterentwickelt werden. Und dann geschieht das, was sowohl dem Zufalls-Youtuber, der plötzlich Musikstücke gesammelt und damit seinen Youtube-Kanal kommerzialisiert hat, als auch vielen anderen Gründern widerfahren ist: Der Erfolg beginnt Fahrt aufzunehmen. Die steile Phase des Hockey-Stick-Effekts startet.

Bis dahin nutzen Sie den sich langsam einstellenden Erfolg, ohne an den Grundfesten Ihres gegenwärtigen Lebensunterhaltes zu rütteln. Wenn aber Ihre Geschäftsidee, ein im Sinne des Minimum Viable Product erstelltes Verkaufsangebot und ein vielleicht erst im Ansatz erreichter Product Market Fit erste Erträge bringen, wenn also der Hockey-Stick-Effekt beginnt, eine steigende Erfolgskurve zu zeichnen, dann haben Sie angefangen, das Beste aus zwei Welten für sich zu erschließen.

Marathonläufer kennen den Effekt: Mit dem Ziel in Sicht, und sei es der Frankfurter Messeturm aus zehn Kilometern Entfernung, werden die Beine noch einmal leichter.

Es gibt selbstverständlich auch graustufige Zwischentöne: Sie haben zu Beginn noch die Sicherheit des Angestelltendaseins oder auch Ihrer funktionierenden Selbstständigkeit und können gleichzeitig im unperfekten Business ein Zusatzeinkommen erwirtschaften. Vielleicht genügt Ihnen das zu Beginn, um zusätzlich zum obligatorischen Sommerurlaub in diesem Jahr auch einen Winterurlaub zu buchen. Oder Sie sind in der Lage, dieses Jahr im Urlaub das Kreuzchen bei einem teureren

Hotel zu machen und Ihre Familie in ein besseres Restaurant auszuführen, nur weil Sie ein wenig am unperfekten Business gearbeitet haben.

Das aber sind nur mögliche, wenn auch sehr reizvolle direkte Konsequenzen der neuen Betätigung und unter Umständen nicht einmal die, die Sie sich wirklich erhoffen.

Das Nachhaltige daran ist jedoch, dass sich innerhalb dieses Prozesses schnell Konsequenzen erster, zweiter und dritter Ordnung einstellen: Das sind Konsequenzen, die Sie jetzt noch nicht überblicken können.

Konsequenzen erster, zweiter und dritter Ordnung verstärken Ihren Business-Erfolg

Konsequenzen erster Ordnung sind in der Regel am leichtesten im Voraus zu beschreiben und auch ins Auge zu fassen: Wenn Sie beginnen, sich einen eigenen Selfmade-Job aufzubauen, dann ist Ihr Weg aus dem Stundenlohn ein vorrangiges Ziel – beziehungsweise eine gewollte Konsequenz erster Ordnung. Richtig spannend wird es allerdings, wenn Sie versuchen, die Folgen dieser Konsequenzen ins Auge zu fassen.

Ray Dalio steht mit seinem Buch *Die Prinzipien des Erfolgs* für die wahrscheinlich beste Beschreibung dieser Zusammenhänge. Eines der Prinzipien, das er erfolgreichen Menschen zuspricht, liegt Dalio zufolge in der Fähigkeit, die Folgen der Konsequenzen des eigenen Tuns zu erkennen und entsprechend zu planen. Dalio sagt:

»Nach meiner Erkenntnis, dass die Natur mit Blick auf die Konsequenzen einer höheren Ebene optimiert, wurde mir klar, dass Menschen, die Konsequenzen erster Ordnung zu stark gewichten und solche zweiter und dritter Ordnung ignorieren, nur selten ihre Ziele erreichen.[54]«

Die Konsequenzen erster Ordnung nicht zu stark zu gewichten bedeutet demnach, hier eine gewisse Geduld an den Tag zu legen und nicht auf schnelle Ergebnisse angewiesen zu sein. Aus dieser Ruhe entsteht die nötige Gewissheit, höhere Ziele mit dem eigenen Selfmade-Job erreichen zu können. Und bei Dalio bedeutet es auch, zu sehen, welche weiteren Konsequenzen das eigene Wirken initiiert. Das ist deutlich schwerer, sodass er es seinen Lesern zur Aufgabe macht, diese möglichst mitzudenken.

Die gute Nachricht liegt bei der Entwicklung des Selfmade-Jobs allerdings auch darin, dass die Konsequenzen zweiter und dritter Ordnung, die aus der langsamen Entwicklung in das eigene Business entstehen, oft gut vorhersagbar sind. Und die Tatsache, dass Sie diese gar nicht kennen müssen, um davon zu profitieren, ist für Sie sehr angenehm. Sicher trifft das nicht immer im Detail zu und variiert auch von Person zu Person – aber einige positive Effekte werden Sie sicherlich begleiten.

In der Phase des langsam ansteigenden Erfolges zeichnen sich die ersten positiven Effekte bereits ab, die vielleicht noch gar nicht direkt das eigentliche Ziel erster Ordnung, die Festanstellung an den Nagel zu hängen, bedeuten. Schon während Sie noch weit entfernt von der Erreichung dieses ersten Ziels sind, beginnen die Konsequenzen zweiter und dritter Ordnung unmerklich erste Formen anzunehmen.

Das sind beispielsweise die ersten zusätzlich zur Verfügung stehenden finanziellen Mittel. Eine Konsequenz zweiter Ordnung auf einem zunächst geringen Level könnte dann die oben beschriebene Tatsache sein, einen zweiten Urlaub im Jahr oder ein besseres Hotel zu buchen.

Sie können damit vielleicht entspannter im privaten Alltag und etwas selbstbewusster sein, wenn Freunde und Familie Ihre Idee, jeden Tag am eigenen Business zu arbeiten, skeptisch sehen – und die Akzeptanz hierfür steigt. Und nicht zuletzt werden Sie dem herausfordernden täglichen Job gegenüber, der Ihnen wenig von der eingebrachten Energie zurückgibt, etwas widerstandsfähiger. Dies schafft dann wiederum neue Freiräume für die Weiterentwicklung des gerade noch im Aufbau befindlichen unperfekten Business, das Sie zu diesem Zeitpunkt noch gar nicht finanziell tragen kann.

Ihr primäres Ziel, die Konsequenz erster Ordnung, ist zunächst also noch gar nicht vollständig erreicht, aber Konsequenzen zweiter Ordnung beginnen bereits, sich einzustellen.

Auch im beruflichen Alltag steigt Ihr Selbstbewusstsein zu diesem Zeitpunkt, weil Sie wissen, dass Sie Ihren Lebensunterhalt langsam, aber sicher aus mehreren Quellen speisen können – dieser Gedanke bekommt langsam eine Basis.

Oft entsteht daraus ein starkes Freiheitsgefühl; und Sie können es sich nun leisten, einige kritische Fragen zu stellen: Können Sie sagen, dass Sie aus Ihrer Sicht heute genug geleistet haben und gern den Arbeitsplatz verlassen möchten, ohne Blick auf die Uhr und ohne Rücksicht auf den Chef? Können Sie sagen, dass sie diesem oder jenem Kunden genügend Produkte und Dienstleistungen verkauft haben und keine Verkaufsgespräche mehr mit ihm führen werden? Können Sie sagen, dass Sie mit diesem Kunden oder mit jenem Kooperationspartner nicht arbeiten möchten, weil Sie ihn als unangenehm empfinden?

Zusammengefasst: Haben Sie die Freiheit, jederzeit vom Verhandlungstisch aufzustehen?

Einige der folgenden Situationen werden Sie kennen: Sie sitzen schon eine ganze Weile an einem vertrackten Problem. Die Lösung des Problems erfordert kreative Kompetenzen, aber Sie sind heute einfach nicht in der Lage, diese aufzubringen. Vielleicht war der Tag stressig, die Kollegen oder der Chef haben genervt, oder es ist einfach nicht Ihr Tag. Wenn es um Ihr Hobby ginge, wüssten Sie, was das Beste wäre: Sie würden Ihren Schreibtisch verlassen, nach Hause fahren und Dinge tun, die Ihnen Freude bereiten. Am nächsten Tag würden Sie sich dann wieder an den Schreibtisch setzen und die Arbeit in zehn Minuten erledigen, die am Vortag kaum zu schaffen schien. Aber Sie können nicht Nein sagen, weil Sie abhängig beschäftigt sind.

Ein zweites Beispiel: Sie sitzen in Verhandlungen mit einem Kunden und haben herausbekommen, dass das Produkt Ihrer Firma für den Kunden nicht das bestmögliche Angebot ist. Vielleicht wäre ein Produkt eines Mitbewerbers besser für ihn geeignet, oder er würde sich mit dem Kauf grundsätzlich keinen guten Dienst erweisen. Die Verpflichtung als Angestellter Ihrer Firma gegenüber zwingt Sie jedoch, diesem Kunden im Sinne der Gewinnmaximierung das Produkt weiter anzubieten und es möglichst positiv aussehen zu lassen.

Auch hier können Sie nicht Nein sagen, denn der Verhandlungstisch mit dem Kunden ist nicht der einzige Verhandlungstisch, an dem Sie sitzen. Auch mit Ihrem Arbeitgeber sitzen Sie als Angestellter fortwährend an einem imaginären Verhandlungstisch. Wenn Sie aufstehen und sagen, dass Sie den Tisch unter diesen Bedingungen verlassen wollen, dann müssen Sie auch die Konsequenzen Ihres eigenen Jobverlusts tragen.

In dem US-amerikanischen Film *The Gambler* gibt es eine Szene, die diese Situation gut veranschaulicht. Der Hauptakteur ist ein Literaturprofessor, spielsüchtig und hoch verschuldet. Er leiht sich immer wieder, teilweise von dubiosen Leuten, Geld, um seine Spielschulden zu begleichen, und verspielt dieses doch immer wieder. In diesem Teufelskreis bringt er sich zunehmend in Schwierigkeiten und spielt ein letztes wichtiges Spiel in einem Unterwelt-Etablissement, das von einem mächtigen Akteur dominiert wird.

Der Protagonist hat sich in maximale Abhängigkeit manövriert. In dieser Situation spielt er ein letztes Spiel. In diesem Spiel setzt er alles auf Schwarz und gewinnt 2,5 Millionen Dollar. Den Gewinn des Spieles, der seine Schulden weit übertrifft, lässt er auf dem Tisch liegen und verlässt glücklich die Spielhölle. Zuvor bekommt er jedoch in einer Dialogszene einen wichtigen Rat von einem der Unterweltbosse: Er wird auf den frischen Gewinn von 2,5 Millionen Dollar angesprochen, und ihm wird geraten, er solle diesen Gewinn nutzen, um damit seine »Fortress of Solitude«, also seine »Festung der Einsamkeit«, zu errichten. Das ist eine zentrale Metapher dieses Gesprächs und meint den Punkt, an dem man jederzeit von jedem Verhandlungstisch aufstehen kann, wenn die Verhandlungen nicht den eigenen Vorstellungen entsprechen.

Die Szene zeigt auch, was dafür notwendig ist: ein Haus mit einem Dach über dem Kopf, das noch 25 Jahre hält, ein günstiges, aber haltbares japanisches Auto und genügend Geld auf der hohen Kante, um die Zinsen für das Haus abzubezahlen. Diese Sicherheit der metaphorischen Festung gibt dem Spieler die Möglichkeit, jederzeit von jedem Tisch aufzustehen und zu sagen: »Danke, ich habe genug, ich sage Nein.«

Es ist eine Konsequenz dritter Ordnung Ihres Selfmade-Business, jederzeit den Verhandlungstisch verlassen zu können.

Dieser Status ist aus Sicht der meisten Angestellten erstrebenswert und eine Konsequenz dritter Ordnung, wenn Sie beginnen, Ihr eigenes unperfektes Business als zweite Säule nebenbei aufzubauen. Und es behält diesen Status auch, wenn diese zweite Säule irgendwann so stark wird, dass Sie voll und ganz auf sie vertrauen können und Ihren festen Job kündigen.

Wie bei einem Baum vom Stamm aus erst starke Äste wachsen, die sich dann immer mehr verzweigen, so erwachsen auch aus einer Konsequenz erster und zweiter Ordnung in der Regel stets mehrere Konsequenzen höherer Ordnung. Die positiven Konsequenzen vervielfachen sich also mit jeder Ordnungsstufe.[55]

So könnte eine Konsequenz zweiter Ordnung, zum Beispiel die Tatsache, dass Sie nun mehr Selbstbewusstsein haben, eine weitere Konsequenz haben: Ihr Ansehen gegenüber Ihrem Kunden könnte dadurch steigen.

Denn wie verkaufen Sie Produkte gegenüber einem Kunden üblicherweise? Wenn Sie auf eine Verkaufsschulung gehen, dann werden Ihnen dort Instrumente an die Hand gegeben, die mehr oder weniger mit Überzeugung oder gar Manipulation arbeiten. Sie werden ermutigt, mit Einwandbehandlung, künstlicher Verknappung oder der Erzeugung einer Vision bei Ihrem Kunden zu punkten. Dabei ist es oft so, dass Sie mit der für Sie stärker werdenden Möglichkeit, einen Deal für sich oder Ihr Unternehmen auch abzulehnen und den Kunden nur Produkte zu verkaufen, die ihnen wirklich helfen, überraschen werden. Auch Käufer sind es gewohnt, dass ihnen das Blaue vom Himmel versprochen wird, und sie achten sehr genau darauf, dass der Verkäufer sie nicht übervorteilt – das Spiel kennen also beide Seiten.

Dann erscheint es dem Kunden fast paradox, wenn Sie ihm aus der Position Ihrer Unabhängigkeit, der »Fortress of Solitude«, heraus gar nichts verkaufen wollen, sondern ihn offen darüber informieren, dass dieses Produkt nicht zu ihm passt. Und als Konsequenz dritter Ordnung bekommen Sie damit einen unerwarteten Vorteil und erreichen mühelos eines der höchsten Ziele eines jeden Verkaufstrainings: Sie verkaufen das übernächste Produkt besser, weil der Kunde Sie nun nicht mehr als Verkäufer wahrnimmt, sondern als ehrlichen, offenen Experten auf Augenhöhe.

Ein weiteres starkes Argument, das Sie womöglich noch mehr wertschätzen werden, ist die Freiheit, Ihr Umfeld auszuwählen. Wenn Sie angestellt sind, kann es Ihnen jederzeit passieren, dass Ihnen ein neuer Kollege vor die Nase gesetzt wird, mit dem Sie nur ungern zusammenarbeiten.

Weil Sie in die Firmenhierarchie eingebunden sind, sind Ihre Reaktionsmöglichkeiten eingeschränkt. Oder Sie werden durch Ihre Firma auf längere Dienstreisen geschickt, die Sie nicht gerne antreten – oder Sie werden sogar an einen anderen Standort versetzt.

Mit zunehmender Sicherheit und einer gewissen Resilienz[56] gegenüber den Herausforderungen des Jobs sowie der zunehmenden Kraft, Nein sagen zu können, können Sie mehr und mehr Wichtiges von Dringlichem unterscheiden. Nehmen wir das Beispiel einer Selbstständigen, die ein eigenes Café führt, vielleicht mit ein oder zwei Mitarbeitern. Tagtäglich steht sie im Café und bedient ihre Kundschaft, besorgt morgens Zutaten für die Küche und macht abends die Abrechnung der Tageseinnahmen, räumt das Ladengeschäft auf und schließt spätabends als Letzte die Tür ab. In einem solchen Job sind unendlich viele Dinge dringlich: Das Café ist voll, und viele Gäste wollen gleichzeitig bedient werden, die Mitarbeiterin ist krank, und es muss kurzfristig Ersatz gefunden werden, die Steuererklärung muss erledigt werden, und sie muss die Lagerhaltung der Küche im Auge behalten.

Für wichtige Dinge wie Marketing, die Beobachtung neuer Trends oder die Information über Systeme, die die Abrechnung des Cafés erleichtern, bleibt ebenso wenig Zeit wie für wichtige persönliche Dinge: Erholungsurlaub, den »Kopf freikriegen« oder einen Betriebsausflug zur Mitarbeitermotivation.

Dieses System funktioniert unter Aufbringung hoher Energie und ist kaum fähig, sich fortzuentwickeln. Ähnliche Szenarien lassen sich für viele Selbstständige und Kleinunternehmer entwickeln, die tagtäglich in ihrem Geschäft, ihrer Praxis oder ihrem Büro direkt mit ihren Kunden arbeiten.

Schon ein erstaunlich geringes Maß an zusätzlich gewonnener finanzieller Freiheit zweiter Ordnung oder eine positive Entwicklung des eigenen Selbstbewusstseins kann zu einer Verschiebung zwischen wichtigen und dringlichen Aufgaben führen. Vielleicht schafft ein kleines und unperfektes Business der Cafébesitzerin die Freiheit, eine weitere Angestellte in ihren Betrieb zu holen und sich selbst zu entlasten. Während diese Angestellte einige Aufgaben übernimmt, kann die Selbstständige ihre Website weiter aufbauen und optimieren, auf der sie die veganen Cupcakes, den Renner in ihrem Café, oder auch nur die Rezepte dazu mit witzigen Dekoideen verkauft und sich einen kleinen zweiten Einkommensstrom sichert. Und langsam beginnen die Konsequenzen erster, zweiter und dritter Ordnung mehr positiven Einfluss zu nehmen.

Die Möglichkeit, wichtige Dinge vor dringlichen Dingen zu erledigen, wird durch ein wenig mehr finanzielle oder mentale Freiheit massiv gefördert.

Die 50/25/25-Regel: Was Sie mit Ihrem ersten selbst verdienten Geld tun sollten

Was tun Sie mit den ersten 1000 Euro, die Ihr Selfmade-Job abwirft? Die 50/25/25-Regel ist ein idealer Hebel für Ihr junges Business und natürlich nur als grobe Faustregel zu verstehen.

Unterteilen Sie die Geldmittel, die Ihnen aus Ihrem neuen unperfekten Business zufließen, in »Behalten« und »Belohnen«. Letzteres ist unter anderem ein Hilfsmittel, um den Spaß zu sichern.

Die ungefähr 75 Prozent der Geldmittel aus Ihrem unperfekten Business, die Sie behalten, unterteilen Sie ein weiteres Mal im Verhältnis zwei Drittel zu einem Drittel. 50 Prozent der Gesamtsumme investieren Sie wieder in Ihr Unternehmen und ermöglichen damit die weitere Verbesserung Ihres Produkts, Ihrer Technik und Ihres Marketings. Sie können mit diesem Budgetteil entscheiden, wo Sie zum Beispiel Technik oder Expertise hinzukaufen, um Ihr Unternehmen weiterzuentwickeln. Das kann auch ein Budget für Instagram-Marketing sein wie die Buchung eines erfahrenen Business-Coaches: Bezahlen Sie einen Coach für die Fehler, die dieser selbst vor Jahren gemacht hat, und lassen Sie sich so helfen, selbst Abkürzungen zu finden.

25 Prozent der Gesamtsumme sparen Sie und zahlen damit auf die angenehme Gelassenheit ein, die Ihnen Ihre »Fortress of Solitude« einbringt. Ein wenig Geld auf der hohen Kante zu haben, das aber an dieses Business gebunden bleibt, gibt Ihnen Sicherheit, wenn Sie zeitweise weniger in Ihrem Nebenher-Business arbeiten können, weil dringliche andere Fragen Sie an Ihren Angestellten-Job binden.

Die restlichen 25 Prozent Ihrer ersten selbst verdienten 1000 Euro dienen Ihrer Belohnung: Vielleicht laden Sie Ihre Frau oder Ihren Mann auf ein schickes Wochenende oder in ein teures Restaurant ein?

Bodo Schäfer: Expertenrat des Money-Coachs

Die Geldlegende Bodo Schäfer ist die führende europäische Autorität, wenn es um den langfristigen Umgang mit Geld geht. Gerade das Thema »Mindset«, also die eigene Einstellung im Umgang mit Geld, ist Bodo Schäfers Schwerpunkt. Insbesondere sein Youtube-Kanal ist eine wertvolle Empfehlung und ein guter Einstieg.

Bodo Schäfer hat das 3-Konten-Modell entwickelt, das davon handelt, die eigene Kontrolle über das Geld zu behalten.[57]

Eine der Kernthesen lautet: »Bezahlen Sie sich selbst zuerst.« Gerade Selfmade-Job-Unternehmer laufen Gefahr, das am Ende des Monats übrig gebliebene Geld auszuschütten und zuvor alle anderen Dinge (Technik, Miete usw.) zu bezahlen.

Viel sinnvoller ist es dagegen, einen bestimmten Prozentsatz gleich zu Monatsbeginn an sich selbst auszuschütten und den Rest anzusparen. So entsteht ein Sparplan, der sich aus sich selbst heraus trägt.

Die drei Konten, die Bodo Schäfer vorschlägt, sind:

1. das Basis-Konto, das alle Einnahmen und Ausgaben umfasst;
2. das Spar-Konto, das einen Prozentsatz des Geldes verwahrt und langfristig ein »Notgroschen« sein kann;
3. das Spaß-Konto, das sich mit unserer Empfehlung deckt: Über dieses Konto belohnen Sie sich und Ihre Familie und Freunde.

Bodo Schäfer empfiehlt zwar andere Prozentsätze zwischen den Konten, bezieht sich aber insbesondere auf Festangestellte mit planbarem Einkommen.
Für Ihren Selfmade-Job lässt sich dieses Modell auf die 50/25/25-Regel ausdehnen.

Warum Ihr Selfmade-Job Sinn stiften sollte

Zum Schluss des Buchs bleibt eine große Frage: Geht es »nur« um einen Weg, der Sie aus dem Stundenlohn herausführt? Oder gibt es ein Mehr, das über dem reinen Gelderwerb steht? Braucht es überhaupt ein solches Mehr, und wie kann dieses Mehr vielleicht sogar für den eigenen Unternehmenserfolg im positiven Sinne genutzt werden?

Geht es also nur ums Geld, oder kann der eigene Weg im unperfekten Business Sie höhere Ziele erreichen lassen?

Es gibt hier eine salomonische Lösung, die wir Ihnen zum Schluss zur Inspiration vorstellen wollen und die ein höheres Ziel als den reinen Gelderwerb ermöglicht.

Ausgangspunkt sind die Fragen nach Public Purpose und Impact, nach der Sinnstiftung und nach der Wirkmacht Ihres Handelns.

Wenn Sie nach einem klassischen Unternehmenszweck fragen, dann würden wahrscheinlich viele Unternehmen auf Gewinnmaximierung für das Unternehmen oder die Aktionäre verweisen: Das ist der sogenannte Shareholder-Value. Grundsätzlich ist dagegen nichts einzuwenden; die Optimierung der eigenen Prozesse, die Orientierung am Gewinn und ein möglichst guter Verdienst aus dem eigenen Selfmade-Job sind ohne Zweifel wichtige Bestandteile des Konzeptes.

Auch Ihr Erfolg des Weges aus dem Stundenlohn hängt maßgeblich davon ab, ob das neue, eigene Business finanziell tragfähig ist. Aber das ist in gewisser Weise altes Denken und auch in Unternehmen längst nicht immer ausreichend. Ein anderer Ansatz beginnt sich durchzusetzen; und wenn Sie jetzt zu Recht darauf hinweisen, dass Sie mit Ihrem Business zunächst gern Geld verdienen würden, dann bitten wir nur kurz um Geduld: Wir sprechen von einer Konsequenz zweiter Ordnung.

Die Finanzkrise 2008 war ein einschneidendes Ereignis für die Unternehmen weltweit. Plötzlich war das dauerhafte Gewinnstreben, bei dem Gewinn stets nur monetär aufgefasst wurde, zu hinterfragen. Trotz bester Bemühungen zur Optimierung und Sicherung der eigenen Unternehmen über Jahrzehnte hatte ein einziges externes Ereignis wie die Finanzkrise, das außerhalb der Einflussmöglichkeiten der Unternehmen und ihres Managements lag, einiges auf den Kopf gestellt und zu einer Krise geführt.

Gegen solche Erschütterungen wollte sich die Wirtschaft künftig besser wappnen, und ein Umdenken begann.

Manager haben sich überlegt, ob die reine Fokussierung auf den Shareholder-Value und die monetäre Gewinnmaximierung eines Unternehmens wirklich der beste Weg für ein Unternehmen ist. Ist es tatsächlich klug, nur ein einziges Ziel zu verfolgen, und sollte dieses ausschließlich materiell gesteuert sein? Oder könnte eine diversifizierte Zielsetzung eine höhere Krisensicherheit bedeuten? Sicher ist es positiv, dann, wenn ein Ziel nicht in vollem Umfang erreicht werden kann, noch ein oder zwei weitere Ziele in der Hinterhand zu haben, die zu einem Erfolgserlebnis führen – Risikostreuung gewissermaßen, aber nicht unbedingt geldlich gesteuert.

Was man in der Zeit nach 2008 dann feststellen konnte, war eine Neuorientierung hin zum Public Value; und wir sind heute in der Lage, im Rückblick die Wirkung dieser Neuorientierung zu betrachten – und daraus für das eigene Selfmade-Business zu lernen.

Unternehmen haben seit der Finanzkrise zunehmend begonnen, sich zu fragen, welchen Beitrag zur Gesellschaft sie mit ihrem Wirken und mit ihrer wirtschaftlichen Kraft leisten könnten. Die Idee dahinter ist relativ komplex und von Unternehmen zu Unternehmen unterschiedlich. Aber es kann davon ausgegangen werden, dass dabei die Idee des Gebens und Nehmens ebenso eine Rolle spielt wie die Hoffnung auf eine Aufwertung der eigenen Unternehmensmarke durch Engagement und die Hinwendung zu ökologischen und moralischen Werten. Besonders visionäre CEOs haben sicher auch Konsequenzen zweiter Ordnung dahinter vermutet und wurden dafür belohnt.

In manchen Fällen war es sicherlich auch ein »So kann es nicht weitergehen«, und nicht zuletzt war es auch ein gesamtgesellschaftlicher Wandel, zu dessen Protagonisten auch die GenZs zu zählen sind, jene junge Generation, die ihre Vorstellungen vom Arbeitsleben nicht mehr unter Prämissen wie Aufopferung und Gewinnstreben stellt, sondern arbeitet, um zu leben – und das möglichst gut, aber nicht unbedingt reich im materiellen Sinn.

Diese junge Generation, die mittlerweile in den Arbeitsmarkt eintritt, ist auch deswegen eine wichtige gesellschaftliche Erscheinung, weil dahinterstehende außergeldliche Strömungen diese Entwicklung begünstigen: Junge Menschen fragen sich in ihrem Job öfter, warum sie etwas tun, und seltener, wie viel Geld sie dafür bekommen. Das hat wiederum Einfluss auf die Unternehmenskultur, die ohnehin schon unter dem Einfluss der übergeordneten sozialen Entwicklungen hin zu mehr »Warum« steht.

Fridays for Future und die Erstarkung grüner Parteien, die Wahrnehmung des Klimawandels und die Frage nach der Nachhaltigkeit eines Unternehmens, die Jobanforderungen der nächsten Generation von Arbeitnehmern und die Herausforderungen der Digitalisierung müssen in der gleichen Gesellschaft verhandelt werden – und entwickeln dabei Berührungspunkte.

Die besten Mitarbeiter der Generation Z bekommt daher oftmals nicht mehr das Unternehmen, das am meisten Geld bezahlt, sondern das, das mehr Sinn stiftet, mehr Freizeit oder Spaß verspricht.

Die auch dadurch getriebene Idee, solche »Satelliteneffekte« zu nutzen – Nachhaltigkeit und einen gemeinwohlorientierten Unternehmenszweck zu denken und zu implementieren –, ist aber für die Unternehmen keineswegs neu.

Der Hersteller von Energydrinks Red Bull beispielsweise positioniert sich seit jeher vor allem durch große Fun-Events sowie durch das Sponsoring spektakulärer Live- und Outdoor-Aktionen und profitiert dabei von der Aufwertung des Markenimages durch eigentlich unternehmensfremde Betätigung. »Unternehmensfremd« sind diese Betätigungsfelder aber nur deshalb, weil sie aus der reinen Produktionskette des Herstellers ausbrechen. Für die Produktion einer koffeinhaltigen Limonade benötigt man keine Menschen, die sich aus einem Heißluftballon im Weltall zur Erde stürzen oder Motocross fahren und damit weltweite Aufmerksamkeit binden.

Aber wenn »Red Bull« auf dem Anzug der Sportler steht oder das Event so heißt wie der Brausehersteller, ist es hilfreich, und zwar über den reinen Sponsoring- und damit Branding-Effekt hinaus. In der Wertschöpfungskette aus betriebswirtschaftlicher Sicht fände dieses Event seine Funktion in der Stufe des Marketings, aber es handelt sich eher um eine Umwegrendite. Was der Stratosphärensprung von Felix Baumgartner für Red Bull im externen Marketing ist, das sind die Kickertische in der Hamburger Werbeagentur für das interne Marketing: Kunden wie Mitarbeiter kommen nicht mehr nur für den Kauf und die Bedürfnisbefriedigung oder für das Geld zum Unternehmen.

Dieser Zusammenhang ist noch abstrakter zu denken, wenn man moralische oder ökologische Ziele in einen Unternehmenszweck integriert. Das lässt sich nur noch entfernt mit Marketing erklären – auch wenn es natürlich einen positiven Eindruck hinterlassen mag. Es wäre aber zu kurz gegriffen, diesen Public Purpose als reines Marketing abzutun, und würde einem fehlenden Verständnis der Optionen gleichkommen, die in diesem Bereich möglich sind. Wer davon ausgeht, dass Public Purpose nur für die Außendarstellung eines Unternehmens oder für die Mitarbeitermotivation gut ist, der hat den Gedanken nicht wirklich verstanden.

Vor diesem Hintergrund gibt es verschiedene Stufen der Umsetzung dieses Public Purpose bei Unternehmen und vermutlich auch verschiedene Formen der Glaubwürdigkeit. Wenn Sie die Begriffe »Unternehmen« und »Public Purpose« googeln, dann erscheinen viele PDFs und Statements von Unternehmen, in denen der Unternehmenszweck oder der Purpose verlautbart wird.

Dieser Purpose ist heute überraschend oft mit Themen angereichert, die man im Feld des Gemeinwohls verorten kann: Kaum ein Unternehmen kann es sich heute erlauben, keine »grünen Themen« aufzunehmen und sich nicht Nachhaltigkeit und Ökologie auf die Fahnen zu schreiben, fast alle stellen die Zufriedenheit ihrer Mitarbeiter und Kunden explizit als Ziel heraus – teilweise mit grotesken Ausformungen bei Unternehmen, denen man das eine oder andere nun wirklich kaum als Attribut zuschreiben würde. Es gibt aber auch höhere Stufen dieser Umsetzung.

Was es kaum mehr gibt in den Mission Statements der Unternehmen: »The business of business is simply business!«

In einer US-Studie mit über 1500 Unternehmensleitungen gaben bereits 40 Prozent der Befragten an, dass sie einen Public Purpose in ihrem Unternehmen als Haupt-Unternehmenszweck verankert haben und daraus konkrete unternehmensinterne Handlungsaufforderungen ableiten. Weiter gaben 66 Prozent der Firmen an, dass die Herausforderungen der Gesamtwirtschaft (in der Studie wird wesentlich auf die Digitalisierung und andere »disruptive« Kräfte von außen verwiesen) mittlerweile zu einer Neuorientierung des Unternehmenszwecks hin zu einem Public Purpose geführt haben.[58]

Daraus können Sie die erste Ableitung für Ihr eigenes Selfmade-Business vornehmen, auch wenn es auf den ersten Blick ein wenig vermessen erscheint, seinen eigenen Selfmade-Job mit den großen amerikanischen Unternehmen zu vergleichen. Aber die Gesetzmäßigkeiten sind sehr ähnlich: Eine Orientierung an Unternehmenszwecken, die ökologisch und sozial nachhaltigen Themen oder ganz allgemein dem Gemeinwohl dienen, ist ein großes Zukunftsthema. Eine Konzentration auf diese Themen kann künftig ein strategischer Vorteil sein. Und vielleicht entspricht es Ihrer inneren Überzeugung, Themen zu verfolgen, die einen positiven Einfluss auf die Gesellschaft haben, die andere Menschen bereichern und niemandem schaden. Damit können Sie im ersten Schritt Maßnahmen, die dem Allgemeinwohl dienen, als lukratives Zukunftsthema betrachten.

Aber damit ist der Nutzen des Purpose noch nicht zu Ende.

Das Streben nach (dem ersten) Gewinn ist ein schwierigeres Ziel, als es zunächst den Anschein haben mag; es bereitet Mühe, den ersten Euro zu verdienen.

Gerade zu Beginn Ihres Wegs zum Selfmade-Job trägt Sie eine Mission für Sie selbst durch diese mühevollen Phasen: Es ist Ihr individueller und persönlicher Unternehmenszweck erkennbar, den Sie für sich festlegen und mit dem Sie Ihren Selfmade-Job zu Ihrem Lebenswerk machen – und das ist eine Motivationshilfe, die Sie nicht unterschätzen sollten. Das Ganze ist nah verwandt mit dem Public Purpose, der hinterfragt, was außer dem Geldverdienen noch als Antrieb dienen kann, ein Unternehmen weiterzuentwickeln und engagiert zu führen. Es ist die Frage nach dem individuellen Impact, den Ihr noch junges Unternehmen und damit letztlich Sie auf die Gesellschaft, die Umwelt und vielleicht auch einfach nur Ihr Umfeld haben können.

Natürlich kann man auch in einem Angestelltenverhältnis Einfluss auf sein Umfeld nehmen, auf seine Projekte, seine Arbeitskollegen und seine Kunden. Aber dieser Einfluss ist meistens sehr temporär und wird in der Regel an das Unternehmen weitergegeben; es ist zudem eng verbunden mit dem, was das Unternehmen Ihnen an Freiheiten zubilligt.

Die eigene Legacy schaffen: Was wollen Sie auf dieser Welt hinterlassen?

Was ist, wenn ein Angestellter eines Tages in Rente geht und seinen Job an seinen Nachfolger weitergibt? An diesem Tag verliert er in der Regel auch seine Legacy, also sein Vermächtnis und sein immaterielles Erbe.

Denn all das, was er sich in dieser Zeit erarbeitet hat, erbt das Unternehmen und dessen Chef. Wer hat das Tempotaschentuch erfunden? Tempo! Und wer hat Windows erfunden? Microsoft! Nein, natürlich nicht; denn es waren ja nicht die Unternehmen, sondern deren Mitarbeiter, Menschen also. Deren Namen aber bleiben im Verborgenen.

Im Grunde sind die Zeichen dafür auch während des Angestelltenverhältnisses erkennbar, wenn man genau hinschaut: An der Tür der Firmenzentrale steht auf dem Firmenschild der Name der Firma oder gegebenenfalls der Name des Chefs, jedenfalls nicht die Namen der Mitarbeiter. Die Visitenkarten auf feinstem Papier, der Dienstwagen und selbst die Bilder, die Sie sich auf Firmenkosten für Ihr Büro aussuchen durften und für deren geschmackvolle Auswahl Sie von Ihren Kunden gelobt wurden: All das bleibt als Symptom des Vererbens Ihrer firmeninternen Benefits, wenn Sie das Unternehmen wechseln oder in Rente gehen, in der Firma zurück.

Ihre gute Reputation und Ihren Ruf absorbiert, sobald Sie das Unternehmen verlassen haben, Ihr Chef, auch wenn er ein guter Mensch ist – er kann gar nicht anders.

Dieser Effekt ist in ähnlicher Form auch bei Selbstständigen zu finden, die allein an ihrem Unternehmen arbeiten können und dennoch nicht die Wertschätzung erfahren, die ihnen zusteht. Das klingt wenig plausibel, denn wenigstens der Solo-Selbstständige sollte doch in der Lage sein, sich das größte Firmenschild mit seinem Namen an die Tür zu schrauben, das er finden kann. Um das zu verstehen, sollte man auf die schauen, die es als Selbstständige weit gebracht haben und bei denen die materiellen Bedürfnisse längst befriedigt sind, bei denen also das Fortune-F gesättigt ist.

Danach richtet sich der Blick auf das Fame-F: Sie wollen etwas hinterlassen und möchten, dass etwas Gutes bleibt – ohne Pathos, eher nach innen gerichtet.

> Ist genug Wohlstand vorhanden, stellt sich oft die Frage, was vom eigenen Lebenswerk überdauert: Worauf können Ihre Kinder einmal zeigen und sagen, das sei das Werk ihrer Mutter oder ihres Vaters?

Der Ruhm des eigenen Tuns, hier verstanden als innere, tief befriedigende Anerkennung eines nachhaltig wirksamen und gesellschaftlich positiv verstandenen Einflusses, ist im Rahmen der drei F aus Fun, Fame und Fortune sicherlich das F, dessen Fehlen in der ersten Zeit der Entwicklung des eigenen Business am wenigsten auffällt – und dessen Fehlen auch scheinbar den geringsten Einfluss auf die weitere Entwicklung des Selfmade-Jobs hat.

Doch später, wenn die beiden anderen Säulen eines erfolgreichen Geschäftsmodells gewachsen sind, wird das Fehlen des Ruhmes umso schmerzlicher empfunden: zum einen, weil im Sinne der beschriebenen kommunizierenden Röhren zwischen diesen drei F das starke Zurückbleiben eines Faktors das weitere Wachstum der anderen hemmen kann, und zum anderen, weil dieser Mangel tatsächlich zunehmend als fehlende Erfüllung empfunden wird. Es fehlt an Sinn und Wirkung für die Gesellschaft.

Deshalb sollten Sie schon von Beginn Ihrer Tätigkeit im Selfmade-Job an darauf achten, dass Sie etwas tun, von dem Sie überzeugt sind und das innerhalb Ihres persönlichen Wertespektrums Sinn stiftet. Schauen Sie sich nach einer Aufgabe um, in der Sie einen deutlichen Einfluss auf Ihr unmittelbares Umfeld und auch auf größere gesellschaftliche Zusammenhänge nehmen können.

Ein guter Unternehmenszweck, der Ihnen das Gefühl gibt, etwas Sinnvolles zu tun, trägt Sie durch manches Motivationstief, macht Sie dadurch krisensicherer und bietet darüber hinaus handfeste wirtschaftliche Vorteile. So geben beispielsweise 52 Prozent der Unternehmen an, dass sie eine höhere Loyalität ihrer Kunden erzeugen. 51 Prozent sagen, dass sie einen höheren Markenwert und eine gestiegene Reputation ihrer Marke erfahren, und 40 Prozent, dass sie durch die Bindung an einen klaren allgemeinwohlorientierten Zweck innovative und neue Dienstleistungen und Produkte anbieten können.[59]

Eine Konzentration auf gemeinwohlorientierte Produkte setzt nicht nur Trendthemen, sondern gibt auch gute Impulse für lukrative Nischen, weil in diese Richtung erst seit vergleichsweise kurzer Zeit auch wirtschaftlich gedacht wird.

Ihr eigener Selfmade-Job ist erst dann vollendet, wenn Sie tief im Innern überzeugt sind, ein sinnstiftendes Ziel zu verfolgen, Ihr eigenes nachhaltiges Lebenswerk zu schaffen und eine gute Legacy zu erzeugen. Und auf dem Weg dahin das Hamsterrad des Stundenlohns längst verlassen zu haben.

Die Ressourcensammlung zu diesem Buch

Viele weitere Tipps und Inhalte zu diesem Buch haben dessen Autoren auf einer Informations-Website zusammengetragen:

www.founder.de/raus-aus-dem-stundenlohn-tipps

Leserinnen und Leser, die sich Ihren Selfmade-Job aufbauen wollen, finden hier zahlreiche Inspirationsquellen und sofort einsetzbare Hilfen zum Schnellstart.

Danksagungen

Dieses Buch ist das Werk vieler, auch wenn ausschließlich die Namen der Autoren auf dem Titel erscheinen.

Besonders bedanke ich mich bei meinem Mitautor Jan Bargfrede, mit dem ich unzählige Stunden gute Gespräche über die Inhalte dieses Buchs geführt habe. Jan hat meine Kernthemen nicht nur aufgeschrieben, sondern veredelt, mitgedacht und schließlich zu Papier gebracht. Ohne ihn wäre dieses Buch nicht erschienen.

Zweien meiner Mitarbeiterinnen gilt mein weiterer Dank, auch weit über dieses Buch hinaus: Stefanie Sommerfeld (Personal Assistent) und Riana Machoy (Grafikerin) tragen beide in beeindruckender Weise mein Tagesgeschäft.

Dieses Buch ist auch eine schriftliche Verdichtung und Niederlegung der unterschiedlichen, über die Jahre gesammelten Ideen, Inspirationen und Geschichten. Ich schätze sehr den fortwährenden Austausch mit meinen Kolleginnen und Kollegen, mit denen ich oft schon Jahrzehnte zusammenarbeite: Julien Backhaus, Thomas Bluhm, Ralf Dümmel, Pascal Feyh, Dr. Stefan Frädrich, Oliver Geisselhart, Andy Goldstein, Mike Hager, Sven Hansen, Joschi Haunsperger, Martin von Hirschhausen, Gereon Jörn, Gunnar Kessler, Marcel Knopf, Thomas Klussmann, Dirk Kreuter, Gerd Kulhavy, Dirk-Michael Lambert, Alexander Mark, Rainer von Massenbach, Philipp Müller, Sven Platte, Dawid Przybylski, Roger Rankel, Stefanie Schädel, Bodo Schäfer, Hermann Scherer, Ralf Schmitz, Oliver Schmuck und Kris Stelljes.

Meinen Weißenhaus-Mastermind-Teilnehmern, die ich einmal jährlich persönlich einlade, möchte ich einen weiteren Dank aussprechen für die vielfältige Unterstützung dieses Buchs.

Bei Georg Hodolitsch, Programmleiter des FinanzBuch Verlags, bedanke ich mich sehr für die wertvolle Unterstützung des gesamten Buchprojekts und für sein immer offenes Auge und Ohr, und das weit über dieses Buch hinaus und selbst an Sonntagen.

Das Fundament jedoch für alles, wirklich alles, legt jeden Tag meine Familie, besonders Daniela Lena, Anna Carina, Finn Jonas und Emily Johanna.

Prof. Dr. Oliver Pott
Paderborn, im Januar 2021

Anmerkungen

1 https://www.handelsblatt.com/unternehmen/management/sparen-fuer-die-krise-dax-konzerne-wollen-100-000-stellen-abbauen/24141334.html?ticket=ST-12593989-dm6XS0K6XafM9m5dCjVO-ap2

2 https://en.wikipedia.org/wiki/Huda_Kattan

3 https://www.welt.de/wirtschaft/article170591292/30-Prozent-der-Deutschen-ohne-Geld-Reserven.html

4 https://www.dia-vorsorge.de/arbeitswelt/ein-drittel-der-arbeitnehmer-hat-keine-ruecklagen/

5 Ebenda

6 Ebenda

7 Download der DIW-Studie: https://www.diw.de/sixcms/detail.php?id=diw_01.c.496904.de

8 https://www.handelsblatt.com/unternehmen/beruf-und-buero/the_shift/freelancer-kompass-2019-so-unterscheidet-sich-der-stundensatz-der-selbststaendigen-von-dem-der-festangestellten/24935554.html?ticket=ST-6976084-UVdQWnLunohu6uC3GI1o-ap4

9 Ergebnis einer Studie, die das Forsa-Institut im Auftrag von »Hallo-Freelancer«, einem Service von Xing, im Juni 2019 durchgeführt hat

10 *Westfalen-Blatt*, 03.12.2020

11 https://www.lohnspiegel.de/verkaeufer-in-im-einzelhandel-13893.htm

12 Strategic Management Journal, Nr. 5/1991, Barney, J.B., S. 171–180

13 Ebenda

14 https://de.statista.com/statistik/daten/studie/162524/umfrage/markenwert-der-wertvollsten-unternehmen-weltweit/

15 Robert Kiyosaki: Cashflow Quadrant: *Rich dad poor dad*, FinanzBuch Verlag: 2014. Das ganze Buch behandelt diese Thematik, die konkrete Unterteilung ist hier gut zusammengefasst: https://rich-dad-poor-dad.de/startseite/selbst-arbeiten-oder-das-geld-arbeiten-lassen/was-ist-der-cashflow-quadrant-2/, Download vom 02.10.2020

16 Der »Homo oeconomicus« wird in verschiedenen Wissenschaftsdisziplinen genutzt. Seit über 100 Jahren spielt die Idee dabei auch in philosophischen, wirtschaftswissenschaftlichen und anderen Zusammenhängen eine teilweise unterschiedlich definierte Rolle.

17 https://www.icd-code.de/icd/code/Z73.html

18 WHO: Burn-out gilt nun offiziell als Krankheit, in: www.businessinsider.de. 27.05.2019, abgerufen am 30.05.2019

19 https://www.quarks.de/gesellschaft/psychologie/darum-ist-burnout-keine-krankheit/

20 https://www.focus.de/gesundheit/ratgeber/psychologie/krankheiten-stoerungen/boreout-langweile-die-krank-macht-welche-symptome-sie-ernst-nehmen-muessen_id_10817856.html

21 John Naish: *Genug. Wie Sie der Welt des Überflusses entkommen*, Bastei Lübbe, 2010

22 Krankenschwestern, Altenpfleger und Sozialarbeiter wissen, dass das nicht immer so ist.

23 Mihály Csíkszentmihályi: *Flow. Das Geheimnis des Glücks*, Klett Cotta, 2019. Die Inhalte sind hier zusammengefasst: https://wpgs.de/fachtexte/motivation/flow-erleben-theorie-csikszentmihalyi/, Download vom 12.11.2020

24 Hans Scheuerl: *Das Spiel. Untersuchungen über sein Wesen, seine pädagogischen Möglichkeiten und Grenzen*, Weinheim/ Basel 1979, S. 67-88.

25 https://www.faz.net/asv/new-work/new-work-16394752.html

26 »Verschwende niemals eine gute Krise«, Winston Churchill zugeschrieben

27 Sinngemäß: Fernarbeit, das Arbeiten an Orten fernab des Unternehmens oder des eigenen Büros, teilweise auch fernab des Kunden

28 Diese und alle weiteren Zitate stammen von seiner Website: www.peter-wohlleben.de/ueber-mich, abgerufen am 14.06.2020.

29 Ebenda.

30 Nicolas Chamfort (1741–1794), eigentlich Sébastien Roch Nicolas de Chamfort, französischer Dramatiker, Mitglied der Académie Française

31 Die englische Sprache ist hier trennschärfer und bezeichnet das als »self-confident«

32 Englisch: »self-concious«

33 Georg Wilhelm Friedrich Hegel: *Phänomenologie des Geistes*: https://www.projekt-gutenberg.org/hegel/phaenom/pha4a002.html, Download vom 13.10.2020

34 Hermann Scherer: *Jenseits vom Mittelmaß: Unternehmenserfolg im Verdrängungswettbewerb*, Gabal 2019

35 Anders Ericsson, Ralf Th. Krampe, Clemens Tesch-Romer: »The Role of Deliberate Practice in the Acquisition of Expert Performance«, *Psychological Review*, 1993, Gladwell: Überflieger, S. 363-406.

36 Malcolm Gladwell: *Überflieger. Warum manche Menschen erfolgreich sind – und andere nicht*, Campus Verlag, 2008

37 https://www.geschkult.fu-berlin.de/e/oas/sinologie/studium/Studiengaenge/ba/Studium/index.html

38 https://www.welt.de/wirtschaft/karriere/article138182042/Wie-man-Chinesisch-in-nur-einer-Woche-lernt.html

39 Hüther führt das Beispiel verschiedentlich aus, aber in ähnlicher Form beispielsweise hier: https://kurier.at/wirtschaft/karriere/bildung/gedaechtnistraining-lustvoll-lernen-ist-duenger-fuers-gehirn/289.229.790, Download vom 15.08.2020

40 https://www.geo.de/wissen/21236-rtkl-klimageschichte-haetten-sies-gedacht-wir-leben-einem-eiszeitalter, Download vom 18.09.2020

41 https://de.statista.com/statistik/daten/studie/469641/umfrage/umfrage-zu-den-nervigsten-saengerinnen-in-deutschland/, Download vom 02.07.2019

42 https://wirtschaftslexikon.gabler.de/definition/qualitaet-45908, Download vom 03.09.2020

43 Beispielsweise hier: https://www.gruenderszene.de/allgemein/amore-lie-fifty-shades-of-grey-filmstart

44 Ein Nachahmeprodukt ohne wirkliche eigene Schwerpunktsetzung

45 https://www.handelsblatt.com/unternehmen/industrie/tesla-kauft-grohmann-engineering-kampfansage-vom-elektroauto-pionier/14810780.html?ticket=ST-1349452-UbmfAdGt2THHaefZ-CaWK-ap4 sowie: https://www.manager-magazin.de/unternehmen/autoindustrie/grohmann-zulieferer-soll-bmw-daimler-und-vw-nicht-mehr-beliefern-a-1146170.html, jeweils Download vom 23.08.2020

46 https://www.zeit.de/mobilitaet/2016-04/model-3-tesla-vorbestellungen-elektroauto/seite-2, Download vom 22.08.2020

47 https://medium.com/anoda-mobile-development-agency/what-is-minimum-viable-product-and-how-to-make-it-right-8b885001c6f5, Download vom 23.07.2020

48 https://www.business-punk.com/2020/06/how-to-jeden-tag-ein-prozent-besser-werden/, Download vom 14.08.2020

49 https://de.wikipedia.org/wiki/GV_(Unternehmen)

50 https://t3n.de/news/google-product-design-sprints-557076/, Download vom 09.07.2020

51 https://www.brandeins.de/magazine/brand-eins-wirtschaftsmagazin/2005/machtwechsel/was-ist-eigentlich-parkinsons-gesetz, Download vom 23.10.2020

52 https://www.theatlantic.com/technology/archive/2014/07/instagram-used-to-be-called-brbn/373815/, Download vom 11.08.2020

53 https://www.theatlantic.com/technology/archive/2014/07/instagram-used-to-be-called-brbn/373815/; im Original: »It's about going through false starts«, […] »Burbn was a false start. The best companies in the world have all had predecessors. YouTube was a dating site. You always have to evolve into something else.«

54 Ray Dalio: *Die Prinzipien des Erfolgs*, FinanzBuch Verlag 2019, S. 182 f.

55 Die einzelnen Zuordnungen der Konsequenzen zur ersten, zweiten und dritten Ordnung sind natürlich nicht in Stein gemeißelt, sondern ein grundsätzliches Gedankenkonstrukt.

56 Widerstandskraft gegen zumeist psychische Belastungen

57 Bodo Schäfer: *Der Weg zur finanziellen Freiheit*, dtv, 2003

58 EY Beacon Institute: How can purpose reveal a path through disruption? Mapping the journey from rhetoric to reality, https://www.ey.com/de_de/purpose/wie-der-unternehmenszweck-zum-erfolgsfaktor-wird, Download vom 01.07.2020

59 https://www.ey.com/en_gl/purpose/how-can-purpose-reveal-a-path-through-disruption

Finanzielle Freiheit mit Dropshipping

Fabian Siegler

Der Online-Handel boomt weltweit. Doch wie kann man von diesem stetig wachsenden Business profitieren? Am besten neben dem Beruf und ohne Vorkenntnisse? Das Zauberwort heißt »Dropshipping«. Dahinter verbirgt sich die Idee, seine Waren nicht vorab einzukaufen. Stattdessen verbleiben diese bei einem Großhändler, bis der Kunde bestellt. Erst dann versendet der Großhändler die Ware direkt an den Kunden. Weil Dropshipping Zeit, Kapital und unnötige Risiken erspart, bietet es sich auch für Start-ups, Studenten, Teil- oder Vollzeitarbeitnehmer oder sogar Arbeitssuchende an. Eine einfach umsetzbare Einführung auch völlig ohne Vorkenntnisse.

288 Seiten | Hardcover | 24,99 € (D) | 25,70 € (A) | ISBN 978-3-95972-314-5

Busy is the New Stupid

Tim Reichel

Neue Technologien und die Digitalisierung haben unseren Arbeitsalltag stark verändert. Sie schaffen unzählige Möglichkeiten, haben aber auch einen Haken: Wir leben in einer Zeit der unbegrenzten Ablenkungen. Unsere Aufmerksamkeit und unsere Konzentration werden zu den wichtigsten Erfolgsgrößen, die es zu verteidigen gilt. Wer dieser Falle entgehen möchte, muss die richtigen Prioritäten setzen und sich auf die wichtigen Dinge konzentrieren. Tim Reichel zeigt 101 Wege für ein glückliches Leben im 21. Jahrhundert. Es ist ein moderner Werkzeugkoffer mit den besten Zeitmanagement-Methoden und Produktivitätstechniken, die aktuell bekannt sind.

208 Seiten | Softcover | 14,99 € (D) | 15,50 € (A) | ISBN 978-3-95972-306-0

Rebellion im Hamsterrad

Niclas Lahmer

Im Ferrari die Küste der Algarve hinunterfahren, in der First Class für den Preis der Holzklasse fliegen und mit 5 Stunden Arbeit mehr Geld verdienen als die meisten Manager mit einer 70-Stunden-Woche –wer will das nicht? Die Möglichkeit, das Leben außerhalb des Gewöhnlichen zu erleben, dem alltäglichen Hamsterrad zu entkommen, bleibt den meisten verwehrt. Doch das muss nicht sein! Niclas Lahmer zeigt in seinem neuen Buch, wie Sie mehr finanzielle und persönliche Freiheit erlangen können, indem Sie sich aus den Zwängen gesellschaftlicher Glaubenssätze befreien. Raus aus der Knechtschaft des Geistes, des Konsums, des Kapitals und der Zeit, damit mehr Zeit für das Wesentliche und für ein erfülltes Leben bleibt!

320 Seiten | Hardcover | 18,99 € (D) | 19,60 € (A) | ISBN 978-3-95972-268-1

Das 5-Tage Wochenende

Nik Halik

Viele Menschen wollen mehr vom Leben und wissen, dass es einen besseren Weg gibt, das ihre zu leben. Und doch stecken viele in ihrem Nine-to-Five-Arbeitsalltag fest und fragen sich eines Tages, wo ihr Leben geblieben ist. Das 5-Tage-Wochenende bietet einen Ausweg aus der Sackgasse. Es zeigt, wie sich durch den Aufbau eigener Unternehmen und clevere Investmentstrategien regelmäßige, passive Einkommensströme generieren lassen, sodass finanzielle und persönliche Unabhängigkeit erreicht und die Konzentration auf die großen Lebensziele möglich wird. So kann jeder dem Hamsterrad entkommen. Das Buch enthält zahlreiche Fallbeispiele und Übungen, die das Finden und Etablieren neuer Strategien erleichtern. So fühlt sich jeder Tag wie Wochenende an!

368 Seiten | Softcover | 16,99 € (D) | 17,50 € (A) | ISBN 978-3-95972-250-6